# 이렇게까지 아름다운, 아이들을 위한 세계의 공간

**UNNECESSARILY BEAUTIFUL SPACES FOR YOUNG MINDS ON FIRE**
**by THE INTERNATIONAL ALLIANCE OF YOUTH WRITING CENTERS**

Korean edition published by arrangement with The Wylie Agency (UK) Ltd.

**일러두기**
옮긴이주는 각주로 표시하였습니다.

이 책은 실로 꿰매어 제본하는 정통적인 사철 방식으로 만들어졌습니다.
사철 방식으로 제본된 책은 오랫동안 보관해도 손상되지 않습니다.

# 이렇게까지 아름다운, 아이들을 위한 세계의 공간

국제 청소년 글쓰기 센터 연맹 지음
김마림 옮김
도서문화재단 씨앗 감수

미메시스

불가능하다고요?

우리의 터무니없는 아이디어에
체계와 정당성을 부여해 준 니니브 칼레가리와
이 신성한 장소들을 만들고 활기를
불어넣어 주는 모든 센터의 디렉터, 교육자,
직원, 자원봉사자 들에게 이 책을 헌정합니다.

아이들은 시멘트 블록 벽, 플라스틱 의자,
그리고 바닥 전체에 업소용 카펫이 깔린
공간에 익숙하다.

아이들을 위한 공간은 대부분 아이들의 존재를
기쁘게 환대하기 위해서가 아니라 견디기 위해
디자인된다.

삭막한 브루털리즘<sup>*</sup> 양식의 네모난 학습
공간은 숨이 막히며 청소년들에게 자유롭다는
느낌보다 갇혀 있다는 느낌을 준다.

\* 거대한 콘크리트나 철골 등을 주로 사용한 1950~1960년대 건축 양식.

학생들의 창의성과 감성을 키워 주고 싶다면
불필요할 정도로, 심지어 과하게 아름다운
것으로 주변을 채워야 한다.

영감과 자극을 주는 학습 환경은 아이들의
상상력에 불을 지피고 그들에게 사랑을 전한다.

정말 그렇다. 아이들은 자신들을 위한 공간을
만드는 데 쏟은 애정과 존중을 감지하고,
그로써 사랑받는다고 느낀다. 아름다운 것에
둘러싸여 있는 아이들은 아름다운 것을 만들고
싶은 마음을 갖게 될 것이다.

― 데이브 에거스

# 서문

우리의 이야기는 이렇게 시작됩니다. 2002년, 몇몇 친구들이 모여 샌프란시스코에 청소년을 위한 글쓰기 및 교습 센터를 만들기로 했습니다. 이를 위해 건물을 임대했는데, 그 건물의 주소지가 소매 상업 지역으로 구획되어 있다는 사실을 알게 되었죠. 그곳에서 글쓰기 및 교습 센터를 운영할 수는 있었지만, 반드시 건물 전면에서 무언가를 판매해야만 했습니다. 그래서 해적을 위한 용품을 팔기로 결정했고, 이곳을 현업 해적을 위한 진짜 상점처럼 꾸미기로 했습니다. 이상한 문제에 대한 터무니없는 해결책이었지만, 그것은 결국 모든 것의 핵심이 되었습니다.

826 발렌시아에 있는 〈해적 상점〉은 전체 공간의 약 4분의 1 정도를 차지했는데, 처음에는 이 부분이 문제점으로 생각되었습니다. 단지 용도 지역의 의무 규정을 충족하기 위해서 그렇게 큰 면적을 할애해야 했으니 말입니다. 하지만 대중에게 하루 종일, 매일매일 문을 열어 둔 상점은 놀라운 결과를 가져왔습니다. 불특정 다수의 사람, 쇼핑하는 사람, 여행자, 잠재적인 학생과 선생님, 기부자 같은 사람들을 끌어들인 것입니다. 대부분의 비영리 단체는 세상과 단절된 경향이 있는데, 우리는 예상치 못하게 세상에 열려 있는 단체가 되었습니다.

일단 상점 안으로 들어서면, 방문자는 무언가에 몰두하고 있는 학생을 볼 수 있으며 어쩌다 보면 의족이나 목 부분에 주름 장식이 달린 셔츠를 사게 될 공산이 큽니다. 해적 상점(매장 담당자가 정식으로 운영하는 진짜 상점입니다)은 임대료를 내는 데 도움을 주었고, 우리와 주변 이웃, 도시, 아무 관련 없는 통행인을 연결하는 다리가 되어 주었습니다. 상점이 희한하지만 가볼 만한 공간으로 알려진 덕분에, 매주 수천 명의 사람이 찾아왔습니다.

또한 해적 상점은 숙제를 하는 데 도움을 받으려고 826 발렌시아에 온 아이들의 낙인 효과를 지우는 역할을 했습니다. 학업에 부진한 아이들이

나머지 공부를 하러 센터에 오는 것이 아니라 해적을 위한 용품을 파는 상점에 오는 것이라면, 낙인찍힐 일이 아니었죠. 한편 공간의 테마는 아이들의 상상력에도 강력한 영향을 미쳤습니다. 엉뚱하고 관습에 얽매이지 않은 공간에서 글을 쓰는 경험은 글쓰기에 자신감이 없거나 남들과 조금 다르게 배워 나가는 아이들의 창의적인 면을 깨웠습니다. 이곳은 느슨하고 엉뚱하며 다정하고 자유로운 공간이었고, 모든 아이들이 환영받으며 느슨하고 엉뚱하게 행동할 수 있는 자유를 얻는 공간이 되었습니다.

얼마 지나지 않아, 세계 곳곳의 유사한 단체들이 우리의 아이디어를 각자의 상황에 맞게 적용하여 다양한 센터를 열기 시작했습니다. 일부는 〈826 내셔널〉에 속해 있지만, 대부분은 새롭게 설립한 〈국제 청소년 글쓰기 센터 연맹〉에 느슨하게 연결되어 있습니다. 국제 청소년 글쓰기 센터 연맹은 시간 여행 중인 임시 기류자를 위한 편의점 〈에코 파크 시간 여행 마트〉, 모든 바다에서 수천 마일 떨어진 미니애폴리스에 있는 〈중부 대륙 해양학 협회 상점〉, 영국에 위치한 끝내주게 멋지고 아름다운 〈그림 상회〉를 포함하여, 전 세계 40여 곳의 교습 센터로 구성되어 있습니다.

비록 모든 센터가 상점을 운영하고 있는 것은 아니지만, 모든 센터는 아주 풍부한 상상력을 발휘해 만들어졌습니다. 또한 창의적이고 무질서한 공간에 제약 없는 세계관과 아이들 특유의 유머 감각을 아주 잘 반영하고 있습니다. 아이들의 상상력은 무한하고, 또 그들은 선천적으로 규칙과 논리를 싫어합니다. 우리가 만든 창의적인 공간은 이런 아이들의 정신적 특성을 모방하고 존중하려고 노력합니다.

만일 당신이 이런 종류의 센터를 만들 생각이 있다면, 몇 가지 조언을 하고 싶습니다. 우선 친구 중에 가장 특이하고 웃기는 친구를 찾은 다음, 그 친구에게 친구 중 가장 특이하고 웃기는 친구를 찾아 달라고 부탁해 보세요.

그러면 당신의 가장 특이한 친구의 가장 특이한 친구는 그 어떤 사람보다 더 특이한 친구, 말하자면 너무 재미있는 아이디어지만 절대 실행할 수 없고 때로는 너무 위험하기까지 한 아이디어를 가지고 있는 사람일 것입니다. 바로 그 사람이 당신이 만들고자 하는 센터의 테마를 정하고 공간을 디자인해야 하는 사람이죠.

이 책은 당신이 어떤 센터를 열고자 할 때, 그것을 순조롭게 시작할 수 있도록 도와주기 위한 안내서입니다. 센터뿐만 아니라 교실이나 공공 도서관의 한구석 혹은 교회나 모스크의 지하실이어도 상관없습니다. 아이들이 무언가를 배울 수 있는 곳, 글을 쓸 수 있는 곳, 배움과 글쓰기의 과정을 사랑할 수 있도록 만드는 곳이라면 어떤 공간이든 좋습니다. 당신이 이 책에서 영감을 얻어 가기를 바랍니다.

— 826 내셔널의 공동 설립자 데이브 에거스,
826미시간의 총괄 디렉터이자
호킨스 프로젝트 디렉터 아만다 율레

# 한국어판 서문

〈불가능하다고요?Impossible, you say?〉

     도발적인 질문으로 시작하는 아름다운 책을 출장길에서 발견한 동료가 이 크고 무거운 책을 들고 서울로 돌아왔습니다. 당시 우리는 어린이와 청소년들을 위한 창작 공간을 기획하고 있었고, 826 내셔널이 만들고 운영하는 경쾌한 공간에, 그리고 공간에 담긴 철학과 세심한 마음새에 감탄하고 있었습니다. 외국으로 출장이나 휴가를 가게 되면, 그 도시에 826 내셔널이 만든 공간이 있는지 찾아보고 방문했습니다. 이 책도 워싱턴 디시의 826DC(이 책에도 소개되어 있습니다)에서 발견한 것입니다.

     우리에게 큰 감동을 준 공간과 그 공간을 만든 사람들의 이야기를 담은 책은 제목과 만듦새도 826 내셔널을 닮아 있었습니다. 이 책을 언젠가 번역해서 출간하고 싶다는 이야기를 여러 차례 나누어 왔는데, 공간과 예술에 대한 아름다운 책을 만들어 온 출판사 미메시스와 협력해 출판할 수 있게 되었습니다. 서문을 쓰고 있는 지금, 옮긴이의 번역 작업이 마무리되고 있습니다. 많은 사람의 손이 차곡차곡 더해져, 우리가 사랑해 온 책이 한글을 입고 세상에 나올 준비를 하고 있습니다. 책을 만드는 일도, 다른 무언가를 만들어 내는 일도, 여러 손이 만나야 이루어집니다.

     〈안 된다고?〉, 〈왜 하던 대로 해야 해?〉, 〈왜 그 정도면 충분해?〉라는 질문을 던지고, 다른 답을 직접 만드는 사람들과 일할 수 있었던 지난 8년은 저에게 선물 같은 시간이었습니다. 어린이들을 관찰하고 이야기를 나누며 설계한 놀이터, 어린이들이 눕고 뛰고 구르고 웃으며 그림을 만나는 어린이 미술관, 현실에서는 어려울 거라 여겨지던 새로운 방식의 배움이 일어나는 학교, 커다란 테이블과 선반 가득한 재료 그리고 자유가 주어지는 작업실, 하고 싶은 일을 해볼 수 있는 도서관을 같이 상상하고 기획하고 만드는 과정에서, 많은 손이 만나고 겹쳐졌습니다. 같은 질문을 품고서 그것을 시도해 보는 사람들을 만났기에 가능한 일이었습니다.

　〈이렇게까지Unnecessarily〉라는 말에 공감하는 사람들과 일하는 것을 좋아합니다. 소비자의 지갑을 열기 위해서는 디테일의 디테일까지 정성을 들이지만 어린이에게 무료로 내주는 공간은 〈이만하면 되었지〉라고 여긴다면, 어른으로서 미안해야 한다고 생각합니다. 〈이렇게까지〉 아름답게, 〈이렇게까지〉 좋은 것으로 채워야 한다고 믿는 사람들에게 힘을 싣고 싶습니다. 그런 사람들이 서로 만날 때 멋진 일이 일어나니까요. 이 책이 이렇게까지 아름다운 공간을 만들려는 사람들의 연결 고리가 되었으면 좋겠습니다. 책의 말미에 저희가 만들고 있는 어린이·청소년 공간을 함께 소개할 수 있어서 더욱 기쁩니다. 이렇게까지 아름다운 것을 만들어야 한다고, 자신을 표현하는 것에서 탐색할 용기가 시작된다고, 새로운 것을 세상에 내놓을 때 엄숙하거나 진지하기보다 유쾌하고 발랄해도 된다고 믿는 여러분에게 이 책이 영감과 레퍼런스가 되기를 바랍니다.

　뜨거운 여름 동안 책을 번역해 준 김마림 님과 아름다운 책을 만들어 준 미메시스에 감사드립니다. 우리에게 영감을 준 826 내셔널의 리더와 디자이너, 운영자와 꿈꾸는 사람들에게, 그리고 우리나라 곳곳에서 어린이와 청소년들을 위한 제3의 공간을 만들고 운영하고 있는 리더와 디자이너, 운영자와 꿈꾸는 사람들에게, 그리고 같은 마음을 품고 있는 모두에게 이 책을 선물하고 싶습니다.

도서문화재단 씨앗 사업 기획 이사

엄윤미

# 이렇게까지 아름다운,
# 세계의 공간

## 상점 전면

상점의 전면이 사람들을 맞이하는 방식을 결정한다. 우리는 상점의 전면을 통해서 논리적으로 이루어진 세상을 향해 큰 소리로 엉뚱한 인사를 건넨다. 아이들에게는 이곳이 그들을 환영하고 이해해 주는 공간이라는 점을 알려 준다.

　최고의 상점 전면에는 그들이 정한 콘셉트가 최대한 반영되어 있다. 인생에서든, 무대 위에서든, 매장에서든, 언제나 각각 맡은 역할에 완전히 몰입하는 것이 중요하다. 상점은 테마를 애매하게 드러내서는 안 되며 완전히 체화해야 한다. 상점 전면은 이를테면 마치 진짜 시간 여행자를 위한 세븐일레븐 편의점처럼 보여야 한다. 그래야 비로소 상점이 완성되고 재미있어지며, 적어도 그 상점이 존재하는 동안은 우리의 삶이 조금이나마 덜 지루해질 것이다.

## 작업 공간

페르시아 카펫, 샹들리에, 티크 원목 테이블, 웅장한 입구, 문 닫은 인형 극장, 비밀의 문과 벨벳 커튼. 이 모든 세세한 장식은 과도하고 불필요하기까지 하다. 하지만 그렇기 때문에 무언가 다른 공간(삭막하지 않고 관습적이지 않은 공간)에 있는 듯한 느낌을 얻는다. 작업 공간은 아이들의 기분을 좋게 만들어야 하며, 학교나 집과는 다르면서도 친숙함과 안정감을 주어야 한다.

# 출판물 전시

여러 센터들은 아이들의 목소리를 고양하고, 그 목소리가 더 멀리 퍼져 나갈 수 있도록 헌신을 다한다. 이를 위한 하나의 방법으로, 센터에서는 아이들의 작품을 전문적 수준의 출판물로 만들고 있다. 이 책에 나온 센터들도 수많은 책과 잡지를 출판해 왔다. 당신도 학생들의 출판물을 한번 찾아보기를 바란다. 자신들의 작품이 다른 성인 작가들의 책과 나란히 진열되어 있는 모습을 볼 때, 아이들은 마음속 깊이 자부심과 소속감을 느낀다. 자신들의 작품이 세심한 관심을 받고 영속성을 가질 만큼 가치 있게 여겨지는 것을 경험한 아이들은 인정받았다고 느낀다. 어린 영혼의 빛나는 한 조각이 영구히 남게 된 것이다.

# 제품

상점을 콘셉트에 맞게 꾸몄다면, 제품을 만들어 보는 것은 어떨까? 제품은 센터의 테마를 확실하게 이해하도록 돕고, 센터에 신빙성을 더하는 데 결정적인 역할을 하고, 공간의 이상한 분위기를 강조한다. 반드시 재치가 있는 제품이어야 하고, 한눈에 보기에도 진짜 제품처럼 보여야 한다.

사실 대부분의 제품은 〈진짜〉다. 예를 들어, 영국 런던에 위치한 센터 〈이야기 본부〉에 가면 〈애매한 불안함〉이라는 라벨이 붙은 캔이 있다. 그것을 집어 들면

무게감이 느껴지는데, 캔 속에 사탕이 담겨 있기 때문이다.
실제로 존재하는 제과 회사가 만든 사탕으로, 단지 이야기
본부의 테마에 맞게 용도를 변경시킨 것이다. 하지만 그
효과는 완벽하다. 애매한 불안함은 아니지만 그래도 결국은
진짜 상품이고, 집에 가져가면 가족 간 대화를 시작할 때 꺼낼
만한 이야깃거리가 될 수도 있다. 이처럼 상점의 제품은
공간에 도움이 되는 다양한 부수적 효과를 가져다준다.

더 자세히 말하면, 이 제품들은 방문객의 눈을
지루하지 않게 한다. 고객은 제품에 붙어 있는 내용을 읽고
키득거리며, 진짜이면서 진짜가 아닌 상점 속 상상의 세계에
아주 깊이 빠진 채 한 시간 정도는 쉽게 시간을 보낼 수 있다.
독특하고 재미있으며 주제가 잘 구현된 제품일수록, 사람들이
구매할 가능성이 더 높다. 상점의 일부 제품은 상점의 테마와
아주 잘 어울리는 기성품이어도 좋다. 예를 들어, 〈826미시간:
디트로이트〉의 로봇 공장에서 로봇 조립 세트와 점화
플러그를 팔고, 〈베라타미니스테리에트〉에서 알이 세 개인

안경을 파는 것처럼 말이다. 판매 수익은 형편이 좋을 때나
좋지 못한 때나 임대료를 내는 데 보탬이 된다.

　　이런 공간에 들어가는 아이의 마음을 상상해 보자.
교습을 받거나 현장 학습을 하러 갔는데 콧물을 병에 담아
상품으로 파는, 가짜 상점인데 진짜처럼 완벽하게 구현된
장소에 서 있게 되었다고 말이다. 이런 공간이야말로
아이라면 누구나 가볼 수 있어야 하는 장소, 이미 성인이 된
사람들에게는 그들이 어렸을 때 바랐던 장소일 것이다.

## 간판 및 안내문

상점 안에 무례한 훈계조의 안내문을 만드는 일보다 재미있는 것도 없다. 고객을 위한 지시 사항을 고압적 말투로 나열한 내용일 수도 있고, 전반적인 상점의 테마와 관련된 내용일 수도 있다. 이런 안내문은 글쓰기 센터와 완벽하게 어울리는 요소이며, 자원봉사자, 학생, 직원이 지속적으로 자신들을 괴롭히는 가게 주인에게 목소리를 낼 수 있는 기회이기도 하다.

혹시 눈에 보이지 않는 분이라면, 인기척 좀 해주세요.

Official Notice: The Proprietor is hereby licensed to sell items including, but not limited to: Malodorous Gases, Children's Ears, Gore, Fear (Tinned only), Pencils, and other items as specified in the Monster Retailer's Act of 1827, Clause 14, Subsection 5, Revision (b).

이 영업장의 소유주는 악취 가스, 어린이용 귀, 피, 공포(캔에 든 상품만 해당), 연필을 비롯해 1827년 몬스터 소매법 개정안 세부 항목 14항에 지정된 품목에 포함되는, 하지만 그것에만 국한되지 않는 품목을 모두 판매할 수 있는 허가를 받았습니다.

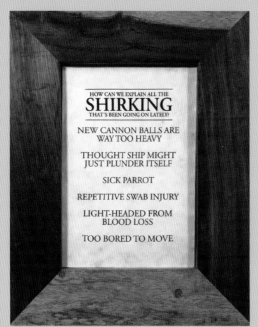

호기심은 지루함을 날려 버립니다. 어떤 것도 호기심을 없앨 수는 없습니다. 혹시, 상어쯤 되면 몰라도.

최근 자꾸만 태만해지는 이유를 어떻게 설명할 수 있을까요? 새 포탄이 너무 무거워서, 내가 아니어도 배가 혼자 알아서 약탈할 것 같아서, 병든 앵무새 때문에, 갑판 닦는 걸레로 인한 잦은 부상 때문에, 빈혈로 인한 어지러움 때문에, 움직이기에 너무 지루해서.

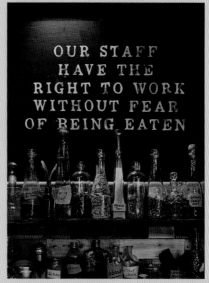

직원들은 잡아먹힐 두려움 없이 일할 권리가 있습니다.

# 세부 요소

세부적인 장식은 센터의 담당자가 공간에 얼마나 많은 관심을 쏟았는지를 보여 준다. 어린이 방문자와 모든 연령대의 방문자, 그리고 우리 모두는 담당자의 관심을 느끼면 기분이 좋아진다. 아름답거나 재치 넘치는 디테일은 우리의 마음을 즐겁게 하고, 세상을 더욱 견고하게 만들며, 로봇이 가져올 세계의 종말을 아주 잠시나마 지체시켜 줄 것이다.

# 826 발렌시아

826 Valencia

설립 연도: 2002년
디자인: 데이브 에거스
면적: 2,500평방피트(70평, 232제곱미터)
주소: 826 발렌시아 스트리트, 캘리포니아 샌프란시스코

**캘리포니아 샌프란시스코**

## 826 발렌시아는 어떻게 시작되었나요?

이곳은 지난 2001년, 데이브 에거스Dave Eggers와 그의 고등학교 동창 바브
버슈Barb Bersche가 샌프란시스코의 미션 디스트릭트에 있는 건물을
임대하면서 시작되었습니다. 그들은 건물에 작은 출판사
〈맥스위니McSweeney's〉와 동네 아이들을 위한 교습 센터를 열
생각이었습니다. 하지만 그 일대는 소매 상업 지역으로 반드시 무언가를
팔아야 했기 때문에, 두 사람은 자연스레 〈해적 상점The Pirate Store〉을
열기로 결정했습니다.

에거스는 냅킨에 대충 내부 디자인을 스케치했고, 이것은 재능 있는
현지 목수들이 공사를 하는 데 도움이 되었습니다. 예산이 빡빡했기 때문에
대부분의 작업에 자원봉사자들이 참여했습니다. 에거스와 버슈는 먼저 철거
작업을 한 다음 벽을 칠했으며, 직접 책장을 설치했습니다. 샹들리에는 모두
중고품으로 하나에 10달러를 주고 구입한 것입니다. 카펫은 에거스가 어릴 때

해적 상점에서는 선장, 말썽쟁이 꼬마, 선원을 위한 물품을 판매한다.

유명한 코믹 만화 작가 크리스 웨어Chris Ware가 건물 외벽 전면에 벽화를 그렸다.

살았던 집에서 가져왔고요. 그는 공간의 색과 질감이 조화를 이루기를 바랐기 때문에, 다양한 종류의 나무와 천, 페인트를 찾아다녔습니다. 아늑하고 엉뚱하면서도 제도에서 벗어난 분위기를 낼 수 있는 것으로요. 또 베이글을 삶을 때 쓰는 거대한 스테인리스 통을 산 다음 모래와 보석 등을 가득 담아 보물찾기 통으로 바꾸어 놓았습니다. 에거스와 버슈는 수많은 이상한 안내문에서부터, 잠망경, 비밀의 문에 이르기까지 여러 가지 특징적인 내부 장식을 만들고 설치했습니다. 심지어 삼나무 둥치도 있었죠. 모두 엉뚱하고 뜬금없는 것이었지만, 그 점이 바로 핵심이었습니다.

건물을 개방한 지 얼마 안 되어서, 선견지명이 있는 교육자 니니브 칼레가리Ninive Calegari가 826 발렌시아의 교수법을 지도하고자 우리의 프로젝트에 참여하게 되었습니다. 이후에도 요시 한Yosh Han, 안나 우라Anna Ura, 저스틴 카더Justin Carder, 캐롤라인 캉가스Caroline Kangas와 같은 해적 상점의 관리자들과 함께 해마다 공간을 개선시키며, 점점 더 풍요롭고 기분 좋은 곳으로 만들어 가고 있습니다.

학생들의 출판물 전시는 해적이 문맹이었다는 미신을 불식시키는 데 도움이 된다.

## 이곳이 방문객에게 어떤 영향을 주기를 바라나요?

일단 826 발렌시아 세 곳을 모두 지나칠 정도로 아름답게 만들고 싶었습니다. 이곳들은 즉각적으로 시선을 사로잡을 뿐만 아니라 자세히 들여다볼 만한 가치가 있는 감각적인 체험의 기회로 가득 차 있습니다. 말하자면, 〈토끼 구멍〉 효과를 노리는 것이죠. 방문객은 이곳의 큰 장식, 색상, 모양, 조명부터 시작해서 서서히 자그마한 안내문까지 읽게 되고 괴상한 제품을 만져 보게 될 것입니다. 이런 방식을 통해 공간은 호기심, 놀이, 질문 및 스토리텔링을 이끌어 내고 부추깁니다. 교습 센터와 상점의 개념을 근본적으로 바꾼 셈이죠. 촉각적인 탐색과 뜻밖의 것을 발견하는 기회(예를 들면 문이나 서랍, 바닥에 있는 해치를 여는 일 등)를 제공하면, 방문객은 공간에 관심을 가지게 되고 결국은 진열된 상품을 집어 들게 됩니다. 이곳에 온다면, 제발 다 만져 보시길 바랍니다!

해적도 약탈할 수 없는 물건은 구입해야 한다.

## 어떤 사람들이 만들었나요?

각각의 공간은 다 다르게 만들어졌습니다. 826 발렌시아 1호점은 아주 적은 예산과 소규모의 창안자와 시공업자들에 의해 탄생했습니다. 한편 오랜 세월이 지난 후에 텐더로인 센터와 미션 베이 센터를 지을 때, 총괄 디렉터 비타 나자리안Bita Nazarian은 대규모 건설 회사 BCCI에 공사를 맡겼습니다. BCCI는 정말 셀 수 없이 많은 시간을 기부했고 놀랍도록 뛰어난 전문성을 발휘해 주었습니다(무료로 시공을 해주겠다고 나서는 대형 건설사는 아주 많답니다. 당신도 당신의 도시에서 찾아보길!).

물고기 극장은 바닷물로 채워져 있고, 고화질이며, 시야가 다소 제한적이고 차단되어 있다.

각 건물이 가지고 있는 아름다운 특징은 각각의 특색을 표현하기 위해 현지 예술가 및 공예가와 협업한 결과입니다. 예를 들어, 레이븐 마혼Raven Mahon은 텐더로인 센터에 매혹적인 〈안개 은행〉을 만들었습니다. 대부분의 예술가가 과거에 우리와 협업했던 적이 있거나 우리의 친구의 친구였습니다. 전에 함께 일해 본 적이 없는 사람에게 협업을 제안하는 경우에는, 언제나 가장 먼저 우리의 사명을 설명하고 구체적인 일의 범위도 명확히 알립니다. 만일 상대적으로 평범하고 단조로운 공간이나 상품과 관련된 작업에 익숙한 사람이라면, 이토록 창의적이고 특이한 프로젝트가 얼마나 매력적인 작업인지 강조하면서 말이죠. 사실 주변의 모든 사람에게 이 엉뚱하고 박애주의적인 시도에 동참해 달라고 부탁한 826 발렌시아와 건축 팀에 있는 사람들의 개인적인 친분 덕분에, 시공업체와 아티스트로부터 다양한 형태의 기부를 받을 수 있었죠. 우리는 언제나 건축 회사나 예술가가 창의적인 능력을 마음껏 발휘할 수 있도록 허용했습니다. 그리하여 모든 프로젝트에 참가한 사람은 전부 주인 의식을 가지게 되었습니다.

밧줄 매듭법 수업, 침로(針路)법 교육 혹은 판타지 글쓰기에 대한 워크숍.

금지된 해적용 은어에 관한 정보 전단.

액자로 된 안내문은 세련되면서도 진지한 분위기를 조성한다.

조심해! 갑각류가 바닥 해치 속에 있어!

「펜잔스의 해적*Pirates of Penzance*」* 의 한 장면을 연기하는 것처럼 보이지만 흥미로운 수학 과외를 하고 있을 가능성이 크다.

해적 상점이라면 라드** 는 꼭 있어야 한다.

\*     1879년 영국 극작가 윌리엄 슈벵크 길버트William Schwenck Gilbert의
       대본과 작곡가 아서 설리반Arthur Sullivan의 합작으로 이루어진 오페레타.
\*\*   돼지기름.

방문객이 특정 위치에 서면, 걸레가 떨어질 수도 있다.

…사람들의 머리 위로 말이다. 하지만 곧 그에 대한 설명이 바로 눈앞에 나타난다.

수염이 있으면 어떤 모습일지 경험해 보자.

…혹은 거의 진짜에 가까운 잠망경을 경험해 보거나.

베이글을 끓이는 커다란 통이다.

…통이 보석으로 가득 찬, 작은 보물찾기 세상으로 변신했다.

사다리는 한 번도 모습을 드러내지 않은 괴팍한 〈블루 선장〉의 세계로 안내한다.

이 상점에서는 필요한 물건이란 물건은 다 판다.

오래된 것처럼 보이도록 일부러 조야하게 만든 간판.

가까이 들여다보면 재미있는 안내문에는 〈아래와 같은 돈은 더 이상 받지 않습니다〉라는, 꽤 불합리한 규칙이 쓰여 있다.

진짜 나무 의족도 판매한다(하지만 잘 팔리진 않는다).

예술가 마혼이 바다로 통하는 입구를 만들었다.

비밀 해치 안의 내용물은 늘 바뀐다.

Eau de Mer
POUR HOMME

*Love is not a board wave to be breeched.*
*Love is a turtle to be turned into a rowboat,*
*clubbed, quartered and devoured.*

*The scent of mystery may*
*seldom smelled so tangy.*

Eau
de
Mer

POUR HOMME

Nº 12

GIANT SQUID
REPELLENT

CAPTAIN

BLACK
BEARD'S
BEARD
DYE

COLOR BLACK

GLASS EYE

DROPS

BUCANEROS DE VALENCIA

MADE FOR the
TRADE
AVAILABLE
to ALL

★ QUICK ACTING ★

SCURVY
BEGONE

HORMONE
FREE

Bone
Soup

JUST ADD WATER

Developed in the Dead Sea.
Finally available without a
license. Bone Soup will prevent
you from dying when there is no
other way to keep from dying.

MADE for
the TRADE
AVAILABLE
to ALL

❖ GUARANTEED TO MAKE YOU FEEL LIKE ❖
YOU'VE TRIED TO DO SOMETHING ABOUT YOUR

PINK EYE

CONTAINS 5 FRESH WATER LEECHES

MESSAGE
IN A
BOTTLE

POSSIBLE USES

Requesting rescue
Staying in touch with friends and wives
Expressing thoughts & feelings

GUARAN

Be

센터에서 몇 블록 떨어진 곳에 있는 디자인 회사 오피스Office는 아주 예쁘고 때로는 실용적이기까지 한,
다양한 종류의 해적 용품을 제작하는 일을 맡고 있다. 쉽게 구할 수 있는 간단한 병과 캔을 재활용하고 라벨을
디자인해 수작업으로 붙인다. 그 결과 놀라움과 기쁨을 동시에 선사하는 그럴듯한 상점 환경이 조성된다.
덧붙여 위생 공포증이 있는 해적은 만성 괴저 현상을 예방하는 제품을 구매할 수 있다.

① **검은 수염\*의 수염 염색약**

디자인 및 문구:
오피스와 826 발렌시아

수염은 종종 햇빛에 탈색된다.
두려움 때문에 흰색으로 변해
버리기도 한다. 둘 중 어떤 경우든,
검은 수염의 수염 염색약은
컴컴한 밤의 색으로 수염을
매끄럽고 윤기 있고 빳빳하고
건강하게 만든다. 콧수염이나 점
위에 난 털에도 사용 가능하다.

② **배 밑바닥에 고인 물**

디자인 및 문구:
오피스와 826 발렌시아

거친 바닷물은 배 밑바닥의 작은
틈으로 들어와 고인다. 이렇게
고인 물은 망망대해에서 럼을
증류하거나 적의 배를 침몰시키는
데 제격이다. 하지만 담수
생물에는 적합하지 않다.

③ **금이빨**

디자인 및 문구:
오피스와 826 발렌시아

참패한 적의 입 속에서 탈취한
금이빨(사실 금색으로 색칠한
것이다)은 무시무시한 존
켈치John Quelch\*\*의 개인
소장품이다.

④ **검은 수염 선장의 연장용 수염**

디자인 및 문구:
오피스와 826 발렌시아

뱃사람의 수염 길이는 여러모로
남자다움의 평가 기준이 된다.
그래서 얼굴에 수염이 잘, 혹은
빨리 자라지 않거나 아예 나지
않는 사람에게는 연장용 수염이
구세주나 다름없다. 치수, 질감,
그리고 지저분한 정도에 따라
다양하게 구비되어 있다.

---

\*    대서양을 휩쓸었던 영국 해적 에드워드 티치Edward Teach의 속칭.
\*\*  1703년부터 1704년까지 1년 동안만 해적으로 활동한 영국 해적.

## ⑤
### 흑수열*
디자인 및 문구:
오피스와 826 발렌시아

흑수열은 매우 치명적인 병으로 치료제가 아직 나오지 않았다. 어쩌면 돈을 이런 데 낭비하느니, 작고 위험한 오토바이나 길들여진 원숭이를 사는 편이 차라리 나을지도 모른다. 한편으로는 이 약이 도움 될 수도 있다. 이 약은 절대(아마도) 아프게 하지 않으니까.

## ⑥
### 괴혈병 물렀거라!
디자인 및 문구:
오피스와 826 발렌시아

각 캡슐에는 괴혈병을 없애는 효력을 가진 라임이나 레몬이 약 한 개 분량씩 들어 있다. 꽤 있을 법한 부작용으로는 다모증, 과잉 장기, 키메라 증후군**, 돌발성 가짜 영어 악센트, 화농성 종기 등이 있다.

## ⑦
### 오-드-메르 향수
디자인 및 문구:
오피스와 826 발렌시아

오-드-메르 향수 넘버 12는 샌프란시스코만의 바닷물과 퇴적물을 혼합한 것으로, 특히 남성(그중에서도 해적)을 위한 제품이다. 한정판 제품이며, 각 병에는 다음과 같은 문구가 새겨져 있다. 〈사랑은 부서지는 뜻밖의 거대한 파도가 아니다. 사랑은 노 젓는 배로 유인되어 몽둥이에 두들겨 맞고, 네 조각으로 잘려 잡아먹히는 거북이다.〉

## ⑧
### 뱃멀미 약
디자인 및 문구:
오피스와 826 발렌시아

효과 빠른 뱃멀미 약은 메스꺼움, 구역질, 배탈, 그리고 빙빙 도는 어지러움을 진정시켜, 배가 뒤집히는 순간에도 평온한 상태를 유지하는 데 도움이 된다.

---

\* 오줌이 검어지는 열대 지방의 열병.
\*\* 하나의 생물체 안에 서로 다른 유전 형질을 가지는 조직이 함께 존재하는 현상.

# 나의 열다섯 번째 꿈

키아라Kiara, 9세, 캘리포니아 샌프란시스코
— 826 발렌시아에서 출간된 작품

내가 열다섯 살이 되면, 나는 고릴라나 치타를 반려동물로 삼고 싶다. 치타라면 미카일라, 고릴라면 스카일라라고 부를 것이다. 나는 거대한 수영장이 있는 커다란 집에서 살고 싶다. 고릴라는 바나나를 먹을 것이다. 치타는 스테이크와 닭고기를 먹을 것이다. 나는 그들이 나를 보호하도록 훈련시킬 것이다. 그리고 내가 올라탈 수 있게 훈련시킬 것이다. 고릴라와 치타를 태울 수 있는 아주 커다란 지프차도 가지고 싶다. 지프차의 색은 파란색일 것이다. 내가 사는 거대한 집을 파란색 슬라임으로 덕지덕지 뒤덮을 것이다. 슬라임이 있는 방도 있을 것이다. 내 방에는 슬라임이 조금만 있을 것이다. 그리고 내 방의 색은 연한 파란색일 것이다. 뒷마당에 있는 수영장에서 나는 내 반려동물과 경주를 할 것이다. 그리고 이게 내 이야기의 끝이다!

설립 연도: 2016년
디자인: 겐슬러, 인터스티스 건축사 사무소, 오피스,
엠케이씽크, BCCI, 요나스 켈너
면적: 5,200평방피트(146평, 483제곱미터)
주소: 180 골든게이트 애비뉴, 캘리포니아 샌프란시스코

# 826 발렌시아: 텐더로인 센터

826 Valencia: Tenderloin Center

캘리포니아 샌프란시스코

## 텐더로인 센터는 826 발렌시아와 어떻게 다른가요?

고객이 〈칼 왕의 상점King Carl's Emporium〉에 들어올 때 옛날 백화점에 들어서는 느낌을 받기를 바랐습니다. 텐더로인 지역에는 상점이 많지 않아서, 다양한 일상용품에 약간의 엉뚱한 재미를 가미해 제공하고 싶었고요(예를 들면, 립밤을 〈유니콘 뿔 광택제〉로 판매하는 식으로 말이죠). 또 텐더로인에는 다양한 민족이 거주하고 있기 때문에, 전 세계의 다양하고 색다른 문화에서 온 물건과 경험을 포괄하는 〈여행을 즐기는 복어 국왕〉 같은 테마가 잘 어울릴 것이라고 생각했습니다. 우리는 유리창에 〈시작하라 그리고 탐험하라〉라는 모토를 여덟 가지의 언어로 써 붙였고, 이로써 이 지역의 다문화적 특징을 강조할 수 있었습니다. 상점 안에는 새로운 곳을 탐험하는 데 약간의 격려가 필요한 사람을 위한 〈물건 찾기 놀이〉도 마련되어 있습니다.

칼 왕의 상점에서는 복어 국왕인 〈칼 왕〉이 여행지에서 사 온 기념품을 접할 수 있다.

교육 프로그램을 위한 안내 데스크의 역할을 겸하는 건물의 전면을 만들면서, 이 거리가 긍정적인 방향으로 활성화되고 더 나아가 주변 지역의 안전성 측면도 개선되기를 바랐습니다. 창문을 바꾸거나 독특한 벽화를 설치하는 등의 간단한 작업은 동네 주민들의 자부심을 높여 주는 것은 물론, 지나가는 사람들이 이곳에서 작업하는 학생들의 모습을 들여다볼 수 있도록 합니다. 대다수가 텐더로인에 3,000명이 넘는 청소년이 살고 있다는 사실을 모르고 있습니다. 하지만 우리는 그 청소년들에게 기쁨을 주는 아름다운 공간을 만들고 싶었습니다.

첫 번째 센터에서 걸어갈 수 있는 곳에 위치해 있다. 다만, 배로는 이동할 수 없다.

이 책에서 얻을 수 있는 중요한 팁 하나. 가능하기만 하다면, 센터에 비밀의 문도 꼭 포함시킬 것!

### 사람들의 지원을 어떻게 받았나요?

많은 사람이 참여하는 것은 한편으로 일이 더 많아진다는 것을 의미하기도 하지만, 다른 한편으로 프로젝트를 적절한 예산으로 진행할 수 있다는 것을 의미합니다. 또한 초기 단계에서부터 지역 공동체의 참여를 유도하는 효과도 있죠. 항상 당신이 목표하는 바와 당신이 하려는 일이 지역 공동체와 학생들에게 어떻게 긍정적인 영향을 미칠 수 있을지에 집중해야 합니다. 사람들에게 참여를 요청할 때, 그들의 참여를 금전적 기부와 똑같이 생각해야 합니다. 목적을 확실히 규정하고, 참여 기회를 긍정적인 방향으로 설명하고, 언제나 고마움을 충분히 표현하고, 모든 사람이 참여하는 데 어려움이 없도록

진행 과정을 확실하게 알려야 하죠. 열정적인 자원봉사자를 참여시키는 일은
다른 사람에게 너그러운 후원을 요청해 줄 또 하나의 지지자를 확보한 것이나
마찬가지입니다. 실제로 우리와 협업 관계에 있는 어떤 건축 사무소의 경우,
모든 시공업체에 무료로 작업을 해줄 수 있냐고 물었는데 상당히 많은
시공업체가 그 제안을 수락해 주었답니다.

…더더군다나, 가능하다면, 여러 개의 비밀 통로를 만들 것.

안개 은행에서는 샌프란시스코의 통용 화폐인 안개를 찾을 수 있다.

사진에서 숨어 있는 인간을 찾았나요?

숲속 생물 상점은 드물긴 하지만 방문객을 환영한다. 유리창에는 〈이곳은 캘리포니아의《숲속의 생물과 바다를 사랑하는 괴물의 반(半)비밀 사회》에 고용되거나 소속된 사람을 위한 상점입니다〉라고 쓰여 있다.

아틀란티스의 시간을 보여 주는 시계(이것은 진짜다).

이 센터에 기부한 사람들을 기념하는 서랍의 명판.

텐더로인에 새로 생기는 글쓰기 센터에 무엇이 필요한지 물었을 때, 826 발렌시아의 한 학생은 〈나무 요새〉를 제안했다. 우연찮게도 새로운 공간에 이미 독특하게 생긴 소규모의 중이층이 있었고, 우리는 그것을 진짜 실내 나무 요새처럼 개조했다. 학생들은 숙제를 다 끝낸 후에(반드시 끝낸 후에만) 요새를 탐험할 수 있다.

숲속 생물, 바닷속 괴물, 인간은 모두 똑같이 아늑한 구석이나 틈, 흥미로운 물건이 놓여 있는 진열장을 좋아한다.

실내 나무 집이네. 여기 들어가고 싶은 사람?

어려운 작업부터 엉뚱한 작업까지, 모든 종류의 작업이 이곳에서 이루어진다.

대부분의 작가(유명한 작가도 포함해서)는 거대한 나무 그루터기 위에서 독서를 해본 경험이 없다. 텐더로인 센터에 오는 학생과는 다르게 말이다.

① **꽤 좋은 연필**
디자인 및 문구:
오피스와 826 발렌시아

칼 왕이 쓴 인상적이고 재미있는
문장이 적힌 넘버 2 연필은
글감이 잘 떠오르지 않는 순간을
극복하는 데 도움을 준다.

② **다양한 목적의 열쇠를 위한
열쇠고리**
디자인 및 문구:
오피스와 826 발렌시아

마침내 우리는 우주로 가는
열쇠를 찾았고, 당신도 아주 적은
요금만 내면 그 열쇠의 주인이
될 수 있다(고맙긴요, 천만에).
각각의 열쇠고리에는 〈평화와 장
건강을 위한 열쇠, 대체 우주로
향하는 열쇠, 시샘을 살 만한
춤사위를 위한 열쇠, 지속적인
칭송과 건치를 위한 열쇠, 평생의
재미를 위한 열쇠, 재기와 용맹을
위한 열쇠〉라고 쓰여 있다.

③ **병에 담긴 메시지 2.0**
디자인 및 문구:
오피스와 826 발렌시아

팀원과 공유하기에는 너무
개인적인 바람에서부터 조난 신호,
시에 이르기까지, 이제는 무엇이
중요한지 결정할 필요가 없다. 모두
저장하면 된다. 여기 2기가바이트의
USB 메모리가 있으니까. 파일
용량에 따라 다르겠지만, 양피지
두루마리 10만 권을 저장할 수
있다. 태그에는 〈USB 플래시
드라이브 없이 바다에서 길을 잃지
말 것. 2기가바이트의 USB는
아주아주 길고 장황한 메시지를
저장할 수 있다. 쉬지 않고 계속
써나갈 것〉이라고 쓰여 있다.

④ **아주 작은 생물체를 위한 죽마**
디자인 및 문구:
오피스와 826 발렌시아

장작 불쏘시개와 요술봉으로도
사용 가능하다. 한 쌍으로만 팔기
때문에, 한 짝만 살 수 있는지 묻지
말 것. 헬멧 사용을 권장한다.

### ⑤

#### 땅속 요정 다 꺼져
디자인 및 문구:
오피스와 826 발렌시아

성가신 땅속 요정의 집이나
수풀을 제거하기 위한 가장
안전하고 확실한 제품이다. 가장
좋은 효과를 얻으려면 왼쪽
발가락을 오므리고 이 가루를
왼쪽 어깨 너머로 뿌리면서,
독창적인 오행시를 지어 읊으면
된다.

### ⑥

#### 마법에 걸린 나무 피리
디자인 및 문구:
오피스와 826 발렌시아

소프라노 음색을 가진 나무
피리는 당신을 딴 세상으로
안내한다. 옛 독일 마을의 자갈길
같은 곳. 아니면 달빛 아래의
에게해 같은 곳. 아니면 천둥 치는
날 고목(古木)의 무서운 구멍
으로 갈 수 있다. 아름다운 음악을
연주해 보세요, 나의 친구.

### ⑦

#### 유니콘 뿔 광택제
디자인 및 문구:
오피스와 826 발렌시아

과도하지 않으면서도 적당한
윤기를 내는 영양 크림이다.
유기농, 글루텐 프리, 비(非)유전자
조작 농산물, 크루얼티 프리, 석유
무첨가. 참고로, 유니콘에는 절대
실험하지 않았다.

### ⑧

#### 거대 오징어 먹물 만년필
디자인 및 문구:
오피스와 826 발렌시아

이 필기구는 미시간에서 제작된
수공예품이다. 거대 오징어의
먹물이 함유되어 있을 수도 있고,
아닐 수도 있다.

# 826 발렌시아: 미션 베이 센터

826 Valencia: Mission Bay Center

설립 연도: 2019년
디자인: WRNS 스튜디오, BCCI, 오피스, 요나스 켈너
면적: 2,500평방피트(70평, 232제곱미터)
주소: 1310 4번 스트리트, 캘리포니아 샌프란시스코

캘리포니아 샌프란시스코

**미션 베이 센터에 어떤 분위기를 도입하고 싶었나요?**

사람들이 미션 베이 센터에 있는 〈숲속 생물 상점Woodland Creature Outfitters, Ltd.〉에 들어서면, 익숙한 세상에서 매혹적인 숲으로 발을 들여놓는 기분을 느낄 수 있길 바랐습니다. 상점의 주변에 모두 새로 지은 건물만 있어서, 상대적으로 아주 단조로운 도시의 거리 한구석을 신비하고 유기적이며 깜짝 놀랄 만한 공간으로 변모시켜야겠다는 도전 의식이 생기더군요. 그런 도전 과제가 우리로 하여금 더욱 창의적인 아이디어를 내도록 밀어붙였습니다.

숲속 생물 상점에 발을 들여놓으면, 마치 밖으로 나선 것 같은 이상한 상황이 연출된다.

잠깐만, 지금 이 아이들은 밖에서, 그러니까 매혹적인 숲에서 책을 읽고 있는 건가요?

**기발한 테마를 반영하기 위해서 공간을 어떻게 디자인했나요?**

〈한층 더 단단한 요정용 매트리스〉(실제로는 분홍색 지우개입니다), 반려 돌 〈숲속 요정의 가장 친한 친구〉, 좋은 향이 나는 스프레이 〈벌목꾼 퇴치제〉와 같은 재미있는 용품을 갖추고 있습니다.

　　또 내부 공간에 책을 읽을 때 책과 함께 아늑하게 몸을 웅크릴 수 있도록 꼬마전구가 달려 있는 동굴을 만들었으며, 이끼와 나무껍질 등으로 벽을 장식했습니다. 건축적인 나무 구조물과 전화기로 사용되는 버섯 한 쌍도 있죠. 버섯 전화기 한쪽 끝에서 비밀을 속삭이면 다른 쪽 끝에서 들을 수 있습니다. 이런 장치나 유머는 어느 정도 진짜처럼 받아들여야 합니다. 실제로 이곳에 있다 보면, 상점(인도)에서 숲(실제로는 상점)으로 들어갈 때 〈환영합니다〉라고 적힌 발 매트를 도대체 어디에 놓아야 하느냐와 같은, 말도 안 되는 대화에 끼게 되거든요. 미션 베이 센터에서는 상점이 바로 외부이기 때문에, 창문에 상점의 이름을 붙일 때도 반대로 붙여야 했습니다. 당연히 그 스티커를 부착하는 사람은 보통의 방법대로 작업하는 실수를 했고, 결국 다시 해야 했답니다.

숲이 그려져 있는 벽화와 거대하고 극적인 형태의 나무 구조물은 글쓰기 공간을 아주 묘한 분위기의 숲으로 변화시킨다.

나무 모양의 나무 조각품과 발표 무대는 공간에 인상적인 분위기를 더한다.

아주 작은 문은 아무리 많아도 충분하지 않다.

정교한 나무 구조물에 진열된 다양한 상품.

창문에 붙어 있는 상점의 이름은 바깥세상을 보는 방식을 바꾸도록 디자인되었다.

건축가 요나스 켈너Jonas Kellner는 WRNS 스튜디오WRNS Studio, BCCI, 오피스와의 작업을 통해,
완벽하게 몰입적인 환경을 창조했다.

매혹적인 숲속에서 옻나무 걱정 없이 평온한 독서를 하는 학생들.

### ① 숲속 요정의 가장 친한 친구
**디자인 및 문구: 오피스와 826 발렌시아**

땡글땡글한 눈을 가진 깜찍한 친구가 자신을 데려갈 새 주인을 찾고 있는 모습을 센터 안 곳곳에서 볼 수 있다. 상자마다 각각 다른 모양의 친구가 들어 있지만, 전부 비할 데 없이 말을 잘 들어 주는 능력을 가졌다는 점은 보증할 수 있다.

### ② 벌목꾼 퇴치제
**디자인 및 문구: 오피스와 826 발렌시아**

아주 기분 좋은 향으로, 나무를 파괴하려는 사람을 막고 동시에 당신의 나무 집 구석구석에 평온함을 선사한다. 이 제품에는 〈우락부락한 산림 파괴자가 오지 못하도록 막을 때 자유롭게 사용할 것〉, 〈단 벌목꾼이나 다른 생물이나 물건에 직접 뿌리지 말고 공기 중에 뿌릴 것〉, 〈라벤더, 페퍼민트, 유칼립투스 오일, 위치 헤이즐, 증류수가 포함되어 있다〉라고 쓰여 있다.

③
**반다나**\*
디자인 및 문구: 오피스와 826 발렌시아

믿을 만한 반다나 없이는 어떤 경우에도 숲에 가지 말 것. 기침할 때 입을 가리거나, 겁에 질렸을 때 눈을 가리거나, 낙엽과 성가신 픽시 등을 막을 때 사용하자.

④
**아주 작은 생명체를 위한 아주 작은 집**
디자인 및 문구: 오피스와 826 발렌시아

작은 생명체에게는 작은 식물 크기의 집이 제격이다. 하루 종일 채집, 가루받이, 묘약 제조 등으로 긴 하루를 보낸 생명체라면, 이 널찍하고, 순환이 잘되고, 햇볕이 잘 드는 집으로 얼른 돌아오고 싶어질 것이다. 제품의 태그에는 〈생물이 함께 들어 있을 수도 있고, 안 들어 있을 수도 있다〉, 〈햇빛, 물, 은은한 재즈가 꼭 필요하다〉라고 쓰여 있다.

\*   보호 혹은 장식용으로 사용하는 천

826NYC
EST. 2004

# BROOKLYN SUPE

★ ★ ★ SERVING BROOKLYN AND THE G

— ALL —
MERCHANDISE
00% CERTIFIED
& AUTHENTIC

EXCLUSIVE SOURCE FOR
AARDVARK BROS. PRODUCTS

• COSTUMES **DASTA**
• EYEWEAR
• INVISIBILITY *'Ever*

IGNALING CARDS
AVAILABLE:
tlantis and Most Other
Lost Continents—
FREE after 11PM

**SECRET ALLIANCES WILL BE FORGED**
*SUPERSONIC SHIPPING TO SELECT UNIVERSES*

• INSTRUCTIONAL MANU
SUPERPOWERS: DOM

826NYC

STANDING WITH MUSLIMS
AGAINST ISLAMOPHOBIA
& RACISM

RHERO SUPPLY CO.

TER METROPOLITAN AREA ★ ★ ★ ★ ★ ★

PLOTS WILL BE FOILED
SPECIAL PROGRAMS FOR TELEPATHS *Inquire within*
—S.I.K.s OF ALL TYPES—
GUARANTEED UNTRACEABLE—

*ilant, ever true.'* FULL CAPERY AFFILIATED
WE CAN HELP YOU WITH YOUR NEMESIS PROBLEM

UNDERGROUND LAIRS WILL BE FOUND
826 NYC
TELEPHONE: (718) 499-9884

AND INDUSTRIAL-GRADE SERVICES
ALSO INSIDE
372 FIFTH AVE.

LICENSE
0070-06

SPECIALIZING IN HIGH-QUALITY SUPERHERO EQUIPMENT

HERE IS NO NEED TO SHOP ANYWHERE ELSE

sk inside!
WE CAN
USTOM-ORDER
— ALTER —
EGOS

SIDEKICK PLACEMENT SERVICES FAST & RELIABLE

MANY ITEMS ARE SPLENDID

FULLY LICENSED & BONDED

EVER VIGILANT. EVER TRUE.

IF WE DON'T HAVE IT, A SUPERHERO DOESN'T NEED IT.

826 NYC
HQ OFFICES OF 826NYC
372 FIFTH AVENUE
718-499-9884 · www.826nyc.org

DO NOT BE ALARMED — ALL IS SECURE

OUR PRODUCTS ARE THESE:

| | | | |
|---|---|---|---|
| 0% AUTHENTIC HERO QUALITY CAPES | Grappling Hooks *...for quick access* | Supersuit Accessories | |
| ...for sidekick training | Immobility / Knockout Gas *...for subduing* | Electricity Dampeners *...for civilian activities* | |
| n Ladders *...for dropping in* | Avoid Mind Control With Our Telepathy Blockers | Foil Containment Sack *...for ice & fire powers* | |
| mmunicators - Local and Planetary | Smokescreens *...for escaping* | Temporary Invisibility Capsules | |
| gles & Visors *...for fun and control* | Homing Beacons *...for monitoring* | Galactic Compasses *...work everywhere* | |
| ...for long-lasting elasticity | Masks of All Styles & Sizes | Stealth Footwear *...for creeping* | |
| IDE SELECTION OF SUB-ATOMIC SIZES | Utility Belts *...for organizing* | Auras & Fields *...for bodily extension* | |
| ective Shells & Armor *...for finding* | Motion Sensors *...for perimeter defense* | SPARE VEHICLE PARTS (VISIBLE AND INVISIBLE) | |
| K *...for daily business* | Balms *...for beating and/or cooling* | Antidotes *...for self-preservation* | |
| r Gels & Sprays *...for maximum hold* | ROPES — ALL KINDS — HUNDREDS OF USES — | Laboratory Equipment *...for secret tests* | |
| nking Gas *...for emergencies only* | Rings *...for power enhancement* | Maps of All Realms - Positive, Negative & Neutral | |
| ...for long-lasting | Truth Serum *...for detoxifying* | Listening Devices *...for sonic disturbances* | |
| s & Monocles *...for capturing* | Teeth-Whitening Products *...in travel sizes* | Mutation Wraps *...for limbs and tentacles* | |

hese do not use
ua X-ray vision
aide the store

ALL TRANSGALACTIC EQUIPMENT GUARANTEED UNDER EARTH LAWS ONLY—NO EXCEPTIONS!

ONE STOP FOR ALL YOUR FOE-BATTLING NEEDS

HIDEOUT MAPS
LATEST EDITIONS
NO SUPERHERO SHOULD BE WITHOUT ONE!

MT. FORTRESS CLOTHING SOLD HERE

SERVICE ON UNDERWATER HEAT RAYS NOT AVAILABLE AT THIS TIME

Please Come In For A Complimentary Cowl & Mask Assessment

WINGING INTO ACTION IS OUR SPECIALTY

LICENSED INVISIBILITY TESTING CENTER

SAFE & DISCREET
YOUR SECRET IS SAFE WITH US

FREE LEGAL ADVICE FOR MASKED CRIME-FIGHTERS (Must be wearing your mask)

CONTROL THE POWER OF YOUR MIND

BROOKLYN'S #1 SOURCE FOR TELEKINESIS

EXPOSED TO RADIATION EXPERIMENTS?
Check our Mutation Charts for What to Expect

*Yes!* WE HAVE OXYGEN GUM

PLEASE ACCESS THE NEGATIVE ZONE OUTSIDE THE STORE

VE CARRY GEOSYNCHRONOUS SYSTEMS

뉴욕 브루클린

상점은 저렴한 대형 할인점 같은 실용적인 분위기가 나도록 만들어졌다.

**826NYC를 〈슈퍼히어로〉에 관한 테마로 꾸밀 생각은 어떻게 하게 되었나요?**

이곳은 826의 두 번째 지부입니다. 그래서 826 발렌시아의 해적 상점과는
아주 다른 방향으로 가길 바랐죠. 슈퍼히어로 콘셉트는 아주 일찍이 고려하고
있었는데, 시각적으로 형상화하기가 어려웠습니다. 그러다가 슈퍼히어로
콘셉트를 오래된 철물점의 분위기에 입혀 보자는 아이디어가 떠올랐습니다.
그 아이디어는 주변 지역의 분위기(지금 분위기와는 전혀 달랐어요)와도 아주
잘 어울렸기 때문에, 아이디어가 떠오른 당시에 거의 모든 것(간판, 포장,
그리고 보다 넓은 범위로는 상품이나 포스터에 쓸 문구까지)을 어떻게
해나가야 할지에 대한 자세한 안내서를 받은 기분이었습니다. 이후로도 여러
826의 지부에 이런 방식, 즉 실제로 존재하는 공간을 차용하고 현실에는
존재하지 않는 테마를 그곳에 덮어씌우는 방식을 도입했습니다.

처음 시작했을 때만 해도, 만화나 슈퍼히어로에 대해서 거의
몰랐습니다. 하지만 그 덕분에 특정 유머에 국한되는 것을 막을 수 있었고,
오히려 더 좋은 결과를 낳았습니다. 독자적인 상품의 라벨, 간판 및
포스터에는 기존의 슈퍼히어로나 코믹 브랜드의 특징이나 그에 대한 언급이
거의, 혹은 전혀 없습니다. 상품과 상점의 내부 장식에 우리만의 유머 감각,
말하자면 826의 첫 번째 공간인 맥스위니의 상점에서 파생되었다고 볼 수
있는 조금은 썰렁한 유머를 적용했어요.

시각적인 부분에 있어서, 그래픽 디자이너 샘 포츠Sam Potts와 공동
설립자 스콧 실리Scott Seeley는 항상 미드 센추리 모던 디자인에 매료되어
왔고, 그런 점을 상품의 포장에 고스란히 반영했습니다. 포츠는 〈브루클린
슈퍼히어로 상점Brooklyn Superhero Supply〉의 브랜드는 포괄적이어야
한다고 생각했기에, 모든 제품을 흑백으로 디자인했습니다. 우리가 선택한
디자인 방향은 실용적이기도 했습니다. 왜냐하면 초기에 모든 제품을 직접
포장했는데, 이때 작은 잉크젯 프린터만으로도 라벨을 인쇄할 수 있었거든요.
동시에 다른 브랜드처럼 다양한 제품군을 만들고 싶다는 생각도 들었습니다.

## 이곳에 어떤 사람들이 활기를 불어넣었나요?

우리의 팀은 맥스위니의 상점에서 일했던 팀원들로 시작해, 아주 급속도로 성장했습니다. 처음에는 주로 청소년 작가와 예술가들로 구성되어 있었고 나중에는 각계각층의 사람들이 참여했습니다. 작가 사라 보웰Sarah Vowell은 일찍이 센터의 위원회 대표로 참여하면서 많은 후원자를 불러 모으는 호스트 역할을 했으며, 그들 중 많은 사람이 이제는 아주 유명해졌죠. 포츠 역시 디자인에 아주 큰 기여를 한 인물입니다. 당시 실리가 아이디어를 걸러 내는

책꽂이의 뒤쪽이 들여다보이는 것은 당신의 투시력 때문이 아니다.

102

역할을 했지만(대부분의 경우에 그가 최종 수정 작업에 관여했습니다),
훌륭한 직원과 자원봉사자들이 있었기에 브루클린 슈퍼히어로 상점이 탄생할
수 있었습니다. 특히 자원봉사자들의 도움은 비용을 절감하는 데 많은 보탬이
되었습니다. 상점을 만드는 과정 내내, 형식상으로라도 급여 대상이나 인건비
명목에 이름이 오른 사람은 실리뿐이었으니까요.

…단지 글쓰기 연구실 및 슈퍼히어로 훈련 시설로 들어가는 비밀의 문일 뿐이다.

슈퍼히어로의 다용도 벨트는 저절로 채워지는 것이 아니다. 여기서 채워 가자!

### 이런 공간을 만들 때, 꼭 명심해야 할 것은 무엇인가요?

공간을 만들어 가는 과정은 정말 힘들지만, 참여한 사람들 사이의 유대감이
형성되는 아주 좋은 시간이기도 합니다. 예를 들어, 개점이 얼마 안 남았다는
압박감 속에서 아주 기나긴 시간 동안 일하느라 피곤한 와중에도, 새벽 2시에
망토를 적당하게 부풀리는 〈망토 시험 기계〉를 제작하는 방법을 고민하는
등의 작업은 함께 일하는 사람들을 하나로 엮어 주는 아주 비현실적이고도
놀라운 경험을 선사합니다.

이런 프로젝트에 도움이 될 만한 것 중 하나는 실제로 공사를 시작하거나 가구를 사들이기 전에 축소 모형을 제작하는 일입니다. 그리하면 판지, 접착제, 스티로폼 정도를 구입하는 비용만으로, 벽이나 가구, 여러 물품의 배치 등에 대한 다양한 아이디어를 다방면으로 시도해 볼 수 있으니까요. 가구를 구매하기 전에 모형으로 만들어 미리 배치해 볼 수도 있겠죠. 그렇게 함으로써, 아무 계획 없이 혹은 아주 막연한 생각만으로 공사를 하거나 물건을 사면서 발생할 수 있는 낭비 문제를 꽤 줄일 수 있습니다.

모든 슈퍼히어로가 가장 완벽하게 위장할 수 있는 신분은 학생이다.

① 투시력
디자인: 샘 포츠
문구: 826NYC 팀

주변에 산재한 위험을 감지하기
위한 슈퍼히어로의 필수품.
눈에 직접 뿌려서 사용하는 이
투시력은 건물, 계략은 물론
범죄를 목적으로 변장한 것을
모두 꿰뚫어 볼 수 있다.

② 중력
디자인: 샘 포츠
문구: 826NYC 팀

이 캔에는 양자 장론에서 중력을
매개하는 가상의 소립자인
중력자가 들어 있다. 중력자는
질량이 없으며, 2차 텐서로서
스핀-2 입자여야 한다. 이것은
중력 조작 실험에서만 사용해야
한다. 혹시 실수로 섭취했을
경우에는 곧바로 의사에게 진찰을
받을 것.

③ 근육
디자인: 샘 포츠
문구: 826NYC 팀

슈퍼히어로도 힘이 약해지는 날이
있기 마련이다. 천연 성분으로만
만든, 어디에서나 허용되는
근육(대체품과 비교 불가)이다.
1쿼트(약 0.95리터)짜리 한 캔만
있으면 출동 준비 끝!

④ 광속
디자인: 샘 포츠
문구: 826NYC 팀

문제가 발생하거나 시민이 도움을
요청할 때는 무엇보다 신속함이
가장 필요하다. 광속은 범죄
현장으로 최대한 빨리 출동해야
하는 슈퍼히어로의 필수품이다.

### ⑤ 혼란

디자인: 샘 포츠
문구: 826NYC 팀

보다 다양한 범위의 고객을 만족시키기 위해, 슈퍼히어로뿐 아니라 악한을 위한 물품도 취급하기로 했다. 병에 담긴 혼란은 무질서를 야기하려는 악당의 음모를 더 크게 키우는 제품이다. 어쩌면 경미한 혼란은 슈퍼히어로가 영웅적인 행동을 할 수 있는 상황을 마련하는 데 필요할 수도 있다.

### ⑥ 염력

디자인: 샘 포츠
문구: 826NYC 팀

현재까지 알려진 어떤 종류의 물리적인 방법을 사용하지 않고도, 사물이나 에너지에 영향을 미치는 마음의 능력이다. 이 제품의 사용처는 다음과 같지만, 여기에만 국한된 것은 아니다. 물건 이동, 물건 형태 변형, 사건 변화, 생체 치유, 순간 이동, 변신 등에 사용 가능하다.

### ⑦ 100퍼센트 천연 해독제

디자인: 샘 포츠
문구: 826NYC 팀

방사능 거미에 물린 상처 혹은 범죄를 위해 만든 화학적 혼합물로 인한 피해의 사후 처치에 사용되는 천연 해독제는 침윤된 독소를 제거함으로써, 슈퍼히어로나 민간인을 둘 다 치료할 수 있다.

### ⑧ 생존 호루라기

디자인: 샘 포츠
문구: 826NYC 팀

작은 호루라기는 안전을 위해 항상 휴대할 수 있어 간편하다. 보통 사람에게는 일반 호루라기 소리와 똑같이 들릴지 모르지만, 사실은 주변에 있는 슈퍼히어로에게 위험을 알리는 특별한 소리를 내도록 제작되었다.

# 826LA

# 826LA : 에코 파크

826LA: Echo Park

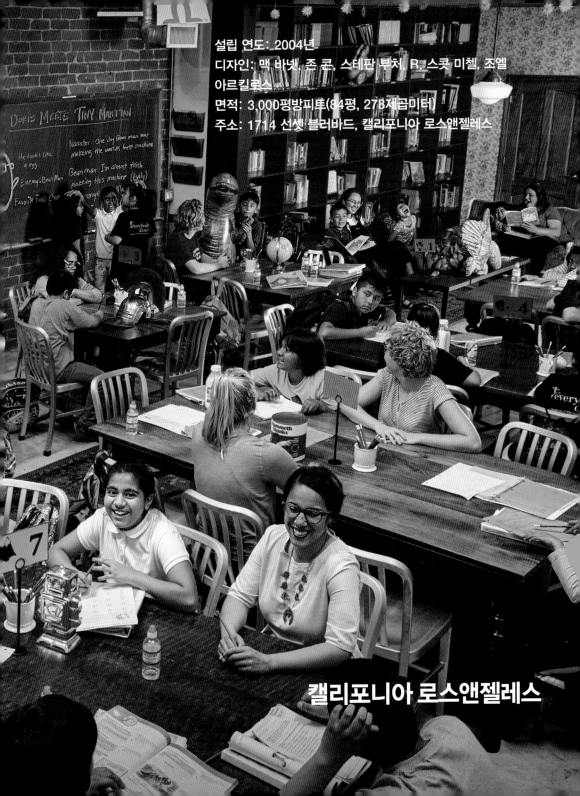

설립 연도: 2004년
디자인: 맥 바넷, 존 콘, 스테판 부처, R. 스콧 미첼, 조엘
아르킬로스
면적: 3,000평방피트(84평, 278제곱미터)
주소: 1714 선셋 블러바드, 캘리포니아 로스앤젤레스

**캘리포니아 로스앤젤레스**

## 826LA: 에코 파크는 어떤 곳인가요?

로스앤젤레스에는 우리의 상점이 두 군데 있습니다. 1호점은 2008년에 〈에코 파크 시간 여행 마트Echo Park Time Travel Mart〉라는 이름으로 열었고, 2호점은 2014년에 〈마 비스타 시간 여행 마트Mar Vista Time Travel Mart〉라는 이름으로 열었습니다. 우리는 이곳들을 〈시간 여행 마트Time Travel Mart〉로 지칭했는데, 에코 파크 상점은 1980년대 분위기와 편의점 같은 개념을 가지고 있으며 마 비스타 상점은 19세기 전환기의 잡화점 같은 개념을 가지고 있습니다.

1호점은 작가이자 826LA의 전 디렉터 맥 바넷Mac Barnett이 고안한 공간입니다. 그와 그의 친구 존 콘John Korn은 〈시간 여행〉 테마를 구상하고 첫 상품을 개발했죠. 그리고 디자이너 스테판 부처Stefan Bucher를 영입해 모든 디자인 작업을 일임했습니다. 공사는 건축가 R. 스콧 미첼R. Scott Mitchell이 맡아 거의 혼자서 진행했습니다.

이 상점에는 모든 시대의 모든 일용품이 구비되어 있다.

〈이달의 모범 직원〉 게시판은 사실 주요 후원자를 기념하는 게시판이다.

에코 파크 지역에 상점을 막 열었을 때, 이웃 상점에 오는 고객은 대부분 가족 단위였고 대부분 스페인어를 사용하는 저임금 노동자였습니다. 동시에 수년간 과도기를 겪으면서 젊은 예술가들이 모여들기 시작한 지역이기도 했죠. 달러 상점, 식료품점, 옷 가게가 즐비했으며, 그곳에서는 다양한 배경을 가진 고객을 상대로 물건을 팔았습니다. 에코 파크 시간 여행 마트도 원래는 여성 의류 판매점 〈패션 5〉가 있던 자리였습니다. 우리는 에코 파크에 있는 상점들과 비슷한 분위기가 나도록 상점을 꾸밀 생각이었습니다. 자세히 말하자면, 826LA가 이 지역의 일부라는 느낌을 주면서도 반전 요소를 가진 공간이 되기를 바랐습니다. 그래서 로스앤젤레스 전역에 거주하는 시간 여행자를 위해 시간 여행에 필요한 제품을 팔기로 결정했습니다.

처음에는 이곳을 편의점이라고 생각한 지역 주민들이 상점 안으로 들어와서, 전화 카드나 담배가 있는지 물어보곤 했습니다. 점원들은 파란색 조끼를 입고 있었는데, 딱 봐도 다른 시대에 만들어진 것 같은 조끼였어요. 주민들이 들어와서 이곳이 무엇을 하는 곳이냐고 물었을 때, 점원들은 계속 자신들이 맡은 역할을 수행하며 〈바이킹 착취제〉나 〈매머드 맛 간식〉을 팔려고 했습니다. 조금 이상하면서도 재미있는 분위기를 조성하기 위해 색다른 장르와 시대의 음악을 틀기도 했죠. 이곳이 단지 편의점이 아니라는 실마리는 〈로봇 우유〉와 〈공룡알 냉장고〉 사이쯤에 있습니다. 또 다른 특산품 냉장고에는 로스앤젤레스 전역에 있는 학교에 재학 중인 학생들이 쓴 책이 진열되어 있습니다. 그 뒤에 글쓰기 작업실 쪽으로 난 창이 있어서, 학생과 자원봉사자들이 함께 공부하는 모습을 볼 수 있죠. 이 창은 상점에 온 손님이 점원에게 안쪽에서 무엇을 하고 있는 것인지 묻게 만들며, 이는 자연스레 자원봉사자 모집에 관한 홍보로 이어집니다.

LED 전광판은 스포일러 알림과 향수를 모두 전달한다.

2186년부터 고장입니다. 불편을 드려 죄송합니다.

〈원시 시대 수프〉에서부터 〈매머드 맛 간식〉, 〈로봇 우유〉, 〈TK 브랜드의 시간 여행병 알약〉에 이르기까지, 에코 파크 시간 여행 마트에는 모든 시대의 모든 물건이 있다.

로봇, 동굴에 사는 사람, 웜홀까지 있는데, 잘못될 일이 있을까?

기원전 591년으로 간다면, 피라미드는 더 이상 신기한 구경거리가 아니다.

① **TK 브랜드의 유해한 로봇 기억 지우개**
　　문구: 맥 바넷, 존 콘　　디자인: 스테판 G. 부처, 344 디자인

최고의 로봇이라 해도 결국에는 고장이 난다. TK 브랜드의 유해한 로봇
기억 지우개는 당신의 로봇을 공장 출하 상태로 초기화시킨다.

③ **그늘**
　　문구: 맥 바넷, 존 콘　　디자인: 스테판 G. 부처, 344 디자인

식물학자와 피부과 전문의가 개발한 그늘은 해로운 태양 빛으로부터
당신의 피부를 보호할 수 있는 아주 좋은 제품 중 하나다. 그늘을
사용하려면, 간단히 시간을 거슬러 가서 이 봉투를 비운한 흙에 묻고
현재로 돌아오면 된다. 무엇보다 중요한 사실은 이 제품이 순수 천연
재료로 만들어졌다는 것이다.

② **지난 여권**
　　문구: 맥 바넷, 존 콘　　디자인: 스테판 G. 부처, 344 디자인

판게아 시대로 가거나 미래의 달 식민지로 가거나 아니면 다른 어디를
가더라도, 시간 여행자는 지난 여권 없이는 아무 데도 갈 수 없다. 이것은
범시간 여행 위원회에서 공식적으로 인정한 유일한 증명서이다.

④ **스미스 앤 스마이스 천연 영어 카레**
　　문구: 맥 바넷, 존 콘　　디자인: 스테판 G. 부처, 344 디자인

현대 영국 과학 기관의 연구 결과, 한때 독성이 있다고 알려졌던 영어
카레가 실제로는 섭취해도 안전하다는 사실(아주 소량을 섭취한
경우에만)이 증명되었다.

⑤ **아하 농업**
문구: 맥 바넷, 존 콘　디자인: 스테판 G. 부처, 344 디자인

아주 멋진 화분용 깡통에 흙과 씨가 들어 있다. 그러나 특정 시간과
시간을 이동할 때 갑자기 문제가 생길 수도 있다.

⑦ **마(馬)유 가루**
문구: 맥 바넷, 존 콘　디자인: 스테판 G. 부처, 344 디자인

우리의 유르트*에서부터 당신의 유르트까지, 몽골인이 가장 좋아하는
것은 모든 계절에 이상적인 음료이다. 이 제품은 물이나 미유에 타 먹기
좋으며, 조리법은 안에 동봉되어 있다.

⑥ **로봇 우유**
디자인: 스테판 G. 부처, 344 디자인

가족 사업으로 운영되는 주피터 농장에서는 거의 700년간 로봇을
착유하고 있으며, 단 한 번도 유기체가 포함된 병을 판매한 적이 없다.
유당 100퍼센트 함유 및 유제품 비함유 제품.

⑧ **TK 브랜드의 거머리**
문구: 맥 바넷, 존 콘　디자인: 스테판 G. 부처, 344 디자인

거머리는 수천 년 동안 체액의 균형을 유지하는 데 도움을 준 경험을
가지고 있으며, 이들 중 다수가 히포크라테스에게 직접 치료법을
배웠다. 이 작은 의사들은 당신의 기분을 금세 좋게 만들 것이다.

＊　몽골이나 시베리아 유목민의 텐트

난 나무를 찾을 거야. 그래서 배를
만들 거야. 그리고 항해를 할 거야.


나는 시를 몰라. 그게 뭔데? 왜 그걸 써야
하는데? 시는 사실 아무것도 아니잖아.
시가 사람 같은 거야, 뭐야? 시는 음식이나
마찬가지야. 음식이 바로 시야.


늑대들은 〈아-우우우〉 하기를 좋아해.
늑대들은 사람들을 먹는 걸 좋아하고,
조용히 기타 연주하는 걸 좋아해.


이 길은 라스베이거스로 향하는 길. 괴물은 아주 많은
눈을 가지고 있고, 털도 많고, 입도 많아. 괴물은
무서워. 차가 괴물을 향해 충돌할 것 같아. 차가 아무리
경적을 울려도 괴물은 듣지 못해. 괴물이
라스베이거스로 향하는 길을 막고 있어.

내 팔로 어떻게 프랑스까지 날아가지?

보상금: 10,000,000,000,000,000,000,000,000,000(가짜)달러.

제발 도와줘. 경치를 보고 싶어.

              글쓰기는 너무 즐거워. 도넛을 먹는 것보다

              좋아. 맞아, 항상 그런 건 아니야.

겨울엔 너무 추워. 로스앤젤레스의 색깔은

아주 다양해. 온갖 색이 많아. 차가 막히는

건 짜증나지만. 도시에선 피자 냄새가 나.

              왜 난 너를 피자라고 부를까.

              네 피부에는 여드름도 없고 너는

              아주 어려 보이는데 말이야.

우리는 학교나 과외 교습소에서 걸어 다니지.

나는 집에 갈 때 3분 만에 뛰어가. 내가 잘 때 내 영혼은

하늘로 날아가.

# 826LA : 마 비스타

826LA: Mar Vista

설립 연도: 2018년
디자인: 아니미
면적: 2,500평방피트(70평, 232제곱미터)
주소: 12515 베니스 블러바드, 캘리포니아 로스앤젤레스

캘리포니아 로스앤젤레스

시간 여행자에게 반가운 풍경.

주변 사물의 질감을 탐색하는 과정을 통해 어린 시간 여행자의 흥미와 관심을 발달시키는 일은 아무리 강조해도 지나치지 않을 만큼 중요하다.

**이곳을 함께 준비하고 만든 팀원들은 어떤 사람들인가요?**

건축가 미첼을 비롯하여 바넷, 콘, 부처, 그리고 여러 달 동안 에코 파크의
상점과 베니스의 글쓰기 작업실을 만들었던 자원봉사자들입니다. 특히
디자인 팀 아니미는 시간과 아이디어를 아낌없이 투자했는데, 그들이 그들의
친구와 자원봉사자들과 함께 한 달 동안 마 비스타의 공간을 칠하고 개조해 준
덕분에 약 2만 달러의 금액으로 이 공간을 완성할 수 있었죠. 마 비스타 시간
여행 마트를 지속적으로 신선하고 흥미로운 곳으로 유지하기 위해, 매니저
카린 맨골드Carinne Mangold와 디자이너 레이첼 멘델손Rachel
Mendelsohn은 자원봉사자 디자이너와 카피라이터들의 정기 회의를
감독하며, 새로운 상품을 디자인하고 마케팅을 탄탄하게 관리하고
발전시키고 있습니다.

로봇을 반드시 태평양 표준시에 맞출 것.

여행을 기대하고 있는 한 시간 여행자.

이곳을 방문한 시간 여행자는 우리와 공유할 만한 어떤 경이로운 것을 보았을까? 지금으로선 826LA에서만 알 수 있다.

# 그림 상회

Grimm & Co

설립 연도: 2016년
디자인: 사이드 바이 사이드
면적(상점과 상상력 배양 센터): 2,309평방피트(64평, 214제곱미터)
면적(교육 공간): 1,500평방피트(42평, 139제곱미터)
주소: 2 동카스터 게이트, 영국 로더럼

**영국 로더럼**

**그림 상회의 목적은 무엇인가요?**

이곳은 인간의 허구적 세계에서 영감을 받은 공간이 아닙니다. 주로
〈이야기〉라는 목적지로 가기 전, 환상적인 서막을 제공하는 역할을 하는
약방입니다. 우리는 고객에게 몰입적이고 극적인 경험을 선사하고 싶었고,
신비한 존재나 이상한 인간을 위해 훌륭한 서비스를 제공하고 싶었습니다.
그래서 불멸의 존재와 마법적 존재가 천재 추출물, 성공 각성제, 인간의 피,
땀과 눈물 등을 포함한 기성의 재료와 묘약을 구입할 수 있는 신비한 약방을
만들게 된 것이죠.

온갖 유형의 신비하고 마법적인 존재를 위한 약방이지만, 영국 로더럼에 위치한 이 상점에 오는 이상한 인간들 역시 환영한다.

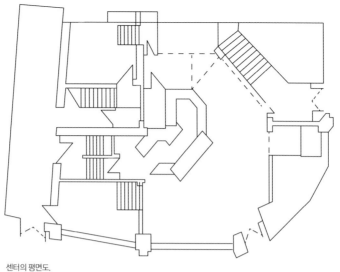

센터의 평면도.

## 글쓰기 센터는 상점과 어떻게 다른가요?

글쓰기 센터는 인생에서 혼돈과 혼란을 겪고 있는 청소년들이 그들의
상상력을 가로막고 배움의 기회를 저해하는 방해물을 훌훌 털어 버릴 수 있는
곳입니다. 청소년들이 글쓰기 센터에 발을 들여놓는 순간, 그들은 우리의
프로그램에 참여할 의지와 준비가 되어 있다는 뜻이며 이것만으로도 그들은
상상력을 마음껏 펼칠 수 있는 자격을 얻게 됩니다.

　　　작가를 위한 공간에서 마법 같은 자극을 주려는 것이 아닙니다. 그저
유치하지 않은 장난기가 가득한 공간을 보여 주고 싶을 뿐입니다. 우리는
아이들이 되고 싶은 모든 것이 될 수 있게끔, 그리고 스스로 작가라는 상상을
할 수 있게끔 도와주는 다양한 공간을 제공합니다. 여기에 책상, 쿠션, 캐노피,
잔디가 깔린 곳, 그리고 화장실(사실 화장실에서 생각이 더 잘 떠오르잖아요)
등도 포함해서 말이죠.

## 이곳에 대한 아이디어를 촉발시킨 것은 무엇인가요?

어린이와 청소년들의 독해력과 문장력의 차이를 줄이는 방법에 관한 의미 있는 연구에서 비롯되었습니다. 그 연구는 우리가 창조하려는 공간의 기초 및 뼈대가 되었죠. 어느 날 우리의 계획에 한층 더 영감을 준 에거스의 테드 강연을 보게 되는 행운을 얻었습니다. 그리하여 우리는 작가들과 함께 글쓰기 센터와 상점을 연결해 줄 만한 이야기를 써나갔습니다. 또 주제를 발전시키기 위해 지역 공동체는 물론, 무엇보다 본질적인 대상인 어린이와 청소년들과 상당한 수준의 협의를 진행했습니다. 지역 공동체에서 〈마법적 존재를 위한 약방〉이라는 테마를 선택했으며, 우리는 그것과 관련된 배경 이야기가 필요했습니다. 그림 상회의 내부 장식과 상품 브랜드를 개발할 수 있었던 것은 바로 이 배경 이야기(등장인물, 지역 공동체와의 친분, 이야기에 대한 믿음 등) 덕분입니다.

마법적 존재는 인간 변장 세트로 자신의 정체를 숨길 수 있다.

현지에서 난 마법의 콩으로 재배된, 유기농 인증을 받은 콩나무이다.

선반에 숨겨진 문을 통해 비밀스러운 글쓰기 공간에 갈 수 있다.

## 좋은 결실을 맺게 된 원동력은 무엇인가요?

우리의 프로젝트를 시작했을 때부터 사이드 바이 사이드Side by Side의
훌륭한 디자이너 데이브Dave와 올리버Oliver가 함께해 주었으며, 그들은
독특한 브랜드와 디자인을 개발하는 데 상당한 역할을 했습니다. 데이브와
올리버의 창의성, 민첩한 사고, 세부적인 디자인에 대한 관심이 브랜드를
성공적으로 이끈 핵심이라고 할 수 있죠. 그들은 우리의 이야기에 활기를 주고
이야기 속 등장인물에 생명을 불어넣었으며, 결과적으로 센터의 모든 세부
사항과 결정에 영향을 미치게 되었습니다. 이곳에 확실한 진정성과 흥미를
부여하는 데 큰 도움이 되었죠. 이런 작업은 아이디어와 테마를 정한 지역
공동체와의 직접적인 연결 고리를 만들어 주기도 했습니다. 우리는 센터를
만드는 데 참여를 원하는 사람이 있는지(혹은 설득당할 만한 사람이

숨겨진 언어의 세계로 향하는 문턱에 서 있는 학생들.

있는지)를 알아보기 위해, 소매를 걷어붙이고 지역 공동체의 사람들을 찾아다녔습니다. 여기서 〈우리〉는 회사, 자원봉사자, 예술가, 할아버지, 할머니, 부모님, 사랑스러운 아이 들까지 모두 포함됩니다. 정말 모두가 합심해서 노력했으며, 그 과정은 쉽지 않았습니다. 예산은 계획을 실현시키기에 턱없이 부족했고, 개인적인 희생과 헌신적인 참여가 필요했거든요. 비록 처음에는 상당한 시간이 걸렸습니다. 하지만 여러 기업, 기업 네트워크, 지자체를 대상으로 그들의 도움을 빌려 우리가 달성하고자 하는 일에 관한 설명회를 열자, 다행히 많은 관심을 얻었습니다. 설명회를 마친 후에, 추가적인 토의를 여러 차례 거쳐 다양한 곳으로부터 막대한 수준의 현물 지원과 기부를 받을 수 있었습니다.

무엇보다 중요한 성공의 열쇠는 훌륭한 디자이너들을 확보한 것과
그들이 우리의 프로젝트를 자신들의 재능을 보여 줄 수 있는 멋진 쇼케이스로
만들겠다는 열의를 가진 것이었습니다. 특히 사이드 바이 사이드는 우리와
함께 여러 기업을 초대해, 탄탄한 관계 구축을 위한 행사를 열기도 했습니다.
그 행사를 통해 센터가 구현되는 것을 지켜보고, 그 과정에 참여하며, 즐거운
시간을 보낼 수 있는 평생의 지원자와 친구들을 확보하게 되었죠. 우리는 이
공간을 만들려는 이유와 이 공간에서 하려는 일을 뒷받침하는 여러 연구
결과를 보유하고 있습니다. 이를 바탕으로 모든 후원자에게 지속적으로
센터의 소식과 정보를 업데이트하고, 〈영광의 복도〉에 그들의 공적을
전시하거나 〈그림의 친구들〉이라는 공로 회원 자격을 수여하는 방식으로
감사의 뜻을 표현하고 있습니다.

상상력 배양 센터는 여러 단어로 학생들을 둘러싸는 디자인으로 그들의 상상력을 점화시킨다.

다양한 종류의 의자는 마법적 존재에게 편안한 창작 공간을 제공한다.

글쓰기 연구실 안에 있는. 콩나무 미끄럼틀 입구의 모습.

학생들이 글쓰기 연구실로 가기 위해서는 문학 작품으로 이루어진 책장
계단을 올라야 한다.

## 앞으로의 계획은 무엇인가요?

현재 그림 상점을 외부로, 그리고 학교 안으로 가져갈 수 있는 몰입형 극장*을
짓고 있습니다. 이것은 교실을 대신해 줄 이동식 간이 극장이며, 이 프로젝트
이름은 〈인사이드 스토리〉입니다. 그래햄 그림Graham Grimm과 그의 누이인
그리젤다 그림Grizelda Grimm도 물론 함께할 것입니다.

> \* 여러 개의 상자를 쌓아서 만든, 해체 및 설치가 가능한 이동식 무대이다. 소품
> 및 물건과 함께 상호 작용을 하며 학생들이 자연스럽게 영감을 받고 글쓰기를
> 하도록 유도하는 무대, 혹은 극장과 같은 느낌을 준다.

**Polite Notice**
Please do not
rest your bottom
on this seat. It is
suffering a fictional
multi infestation.

작가의 화장실은 글을 쓰는 데 방의 종류는 상관없다는 것을 보여 준다.

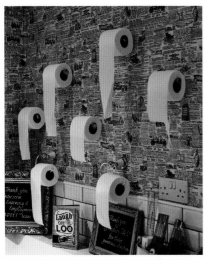

어린 작가들이 세부적인 요소를 마음껏 즐길 수 있도록 모든 방을
심사숙고해서 만들었다.

색다른 글쓰기 의자.

암시장의 고기 창고에는 불법적으로 도축한 맛있고 희귀한 고기
덩어리가 저장되어 있다.

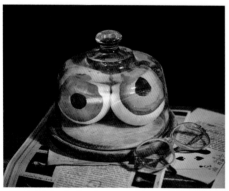

보존액에 담긴 안구와 같은 신비롭고 섬뜩한 소품이 그래햄의 사무실 공간을
장식한다.

바삭바삭한 달 먼지, 말린 요정 날개, 불사조의 눈물 등 특이한 재료가
들어 있는 병이 선반에 진열되어 있다.

책처럼 보이는 요소가 그림 상회의 공간을 장식하고 있어, 방문자들은 창의적인 스토리텔링에 집중할 수 있다.

그림 상회의 직원들은 인간이든 괴물이든 정체와 상관없이, 이곳을 찾는 모든 방문객을 보호하는 데 총력을 기울인다.

상상력 배양 센터의 벽은 그래햄의 이야기로 가득하다.

소중한 고객을 위해 물건을 잘 보관해 둘만큼 친절한 상점이다.

마력 측정기는 당신이 어떤 종류의 마력을 지니고 있는지 신속히 측정해 준다.

## ① 실망

디자인: 사이드 바이 사이드
사진: 제임스 브라운

불만이 50퍼센트 더 들어간
그림 상회의 실망은 겉면에 쓰인
대로, 정확한 효과를 보장한다.
75퍼센트의 무관심과 소량의
발효된 좌절감으로 만들어졌다.
라벨에는 다음과 같이 인간을
위한 참고 사항이 적혀 있다.
〈캔 안에는 보통 검은색 양말 한
켤레가 들어 있다.〉

## ② 고성능 수제 요술 지팡이

디자인: 사이드 바이 사이드
사진: 제임스 브라운

아름다운 〈황홀한 마법〉
제품군에는 100퍼센트
수공예품인 특별한 요술 지팡이가
다양하게 구비되어 있다. 각
제품은 천연 나무로 공들여
제작되었고, 이곳에서 상주하는
여자 마법사 로와나 웰스가
마법을 걸어 놓았다. 여러 가지
색상 중에 고를 수 있으며, 정품
인증서가 들어 있다.

## ③ 캔에 든 수염

디자인: 사이드 바이 사이드
사진: 제임스 브라운

크리스마스 기간 동안 혼자서만
재미를 보는 세인트 닉*이
얄미웠다고? 이 캔에 든 한정판
수염으로 당신도 그 재미를 누릴
수 있다. 아기 얼굴로 살아야
하는 저주를 받은 마법사(또는
다른 종류의 생명체도 가능)에게
이상적인 이 제품은 얼굴을
따뜻하게 해주는 동시에 유쾌한
변장도 가능하게 해준다.

## ④ 농축 열정

디자인: 사이드 바이 사이드
사진: 제임스 브라운

영생이 당신을 우울하게
만드는가? 농축 열정으로 약간의
열정을 주입해 보자. 그림 상회의
일류 마법사들이 반짝이는 눈과
강아지 숨결을 완벽하게 혼합하여
만든 제품으로, 마녀 집회의 가장
어두운 구석까지 삶의 기쁨을
가져다준다.

* 산타클로스, 성 니콜라스.

144

⑤

**물약 혼합기**
디자인: 사이드 바이 사이드
사진: 제임스 브라운

아름다운 나무 물약 혼합기로 마녀 집회에서 부러움을 사보자. 진짜 마법에 걸린 나무를 발톱으로 조각한 덕분에, 모든 제품이 독특하다. 영국 마법사 협회에서 유일하게 추천하는 제품이다.

⑥

**행운의 깜박임**
디자인: 사이드 바이 사이드
사진: 제임스 브라운

당신의 집, 진저브레드, 그 밖의 것에도 사용 가능한, 〈그림과 토닉〉 제품군에는 독특한 세 가지 향이 있다. 특히 깜박이는 불꽃은 아주 오래전부터 마법사와 필멸의 인간 모두를 현혹시키고 매료시켰다.

⑦

**초대형 배꼽 청소기**
디자인: 사이드 바이 사이드
사진: 제임스 브라운

이제 청소할 때가 된 것 같다면, 초대형 배꼽 청소기로 상쾌한 봄을 맞이해 보자. 부드럽고 오래 쓸 수 있는 도도새 깃털로 만들어져 자극 없는 청소가 가능하며, 긴 손잡이가 달려 있어 손이 잘 닿지 않는 곳까지 말끔히 관리할 수 있다. 거인과 식인 괴물 모두에게 적합한 제품이다.

⑧

**달빛**
디자인: 사이드 바이 사이드
사진: 제임스 브라운

한층 더 부드러운 빛을 원하거나 햇볕에 타는 것을 원치 않는 이들을 위한, 달빛은 강렬한 햇빛에 이상적으로 대응할 수 있는 제품이다. 나방의 날개털과 웬슬리데일 치즈 부스러기로 만들어졌으며, 어디에든 닿기만 하면 기이할 정도의 반짝임을 더한다.

# 나는 안다….

**해리Harry, 7세, 영국 로더럼**

**— 그림 상회에서 출간된 작품**

나는 안다.

인간들은

빠르고 강하고

유익하고 세심하고

아주 멋지다는 것을.

베라타미니스테리에트

Berättarministeriet

설립 연도: 2011년
디자인: 콘셉트
면적: 1,614평방피트(45평, 149제곱미터)
주소: 드로팅가탄 120, 스웨덴 스톡홀름

스웨덴 스톡홀름

밖에서 보면 베라타미니스테리에트는 여느 상점과 비슷하다. 하지만 안으로 들어오면, 외계인 슈퍼마켓의 비현실적이고도 경이로운 광경과 마주친다.

## 베라타미니스테리에트*를 만든 목적은 무엇인가요?

우리가 이 공간을 통해 가장 얻고자 하는 바는 아이들에게 세상으로부터 벗어나 한적하게 은둔할 수 있는 공간으로 들어서는 느낌을 선물하는 것이었습니다. 이곳이 창의력과 스토리텔링에 영감을 주고, 안전하다는 느낌을 자아내는 공간이 되기를 바랍니다.

　　　우리가 만든 네 곳의 센터는 모두 〈외계인 슈퍼마켓Alien Supermarket〉과 안쪽에 숨겨져 있는 출판사 〈베라타미니스테리에트〉로 이루어진, 동일한 구조로 되어 있습니다. 학생들은 이곳에 오기 전에 상상력이 고갈된 베라타미니스테리에트의 작가들을 도와 달라는 초대장을 받습니다.

*　　스웨덴어로 〈스토리텔링 본부〉, 〈이야기 본부〉라는 뜻이다.

이로써 학생들은 자신들이 방문하는 곳이 출판사일 것이라고 기대하지만, 사실 그들을 가장 먼저 맞이하는 것은 상상의 세계에서나 볼 수 있을 법한 상점입니다. 이는 출판의 세상으로 들어가는 문턱을 낮추고 동시에, 이곳이 마음껏 공상하고 새로운 아이디어를 생각할 수 있는 안전한 장소라는 사실을 알려 주는 창의적인 방법입니다.

## 내부의 분위기는 어떤가요?

외계인 슈퍼마켓과 출판사의 내부 장식은 아주 많이 다릅니다. 공간의 스토리텔링 기능을 보다 더 강화하기 위해 도입한 방식이죠. 외계인 슈퍼마켓은 콘크리트 바닥, 금속 선반, 아주 밝은 조명을 통해, 차가운 산업 시설 같은 분위기로 디자인되었습니다. 하지만 이곳의 상품은 색깔이 다채롭고 유머로 가득합니다. 이런 외계인 슈퍼마켓에서 학생들을 맞이함으로써, 우리가 그들의 상상력을 아주 중요하게 생각한다는 사실을 드러냅니다. 모든 제품은 아주 세심한 부분까지 배려와 주의를 기울여 개발되었습니다. 여러 장식과 물건은 〈여기는 어떤 사람을 위한 상점이지?〉 또는 〈슬라임 소다는 무엇에 쓰는 거지?〉와 같은 아이들의 질문에 답을 해나가면서, 아이들이 우리와 함께 이야기를 만들어 나가는 공동 창작자가 될 수 있도록 격려합니다.

일단 아이들이 비밀의 문(〈캔에 담긴 중력〉이 진열된 선반 뒤에 숨겨져 있습니다)의 암호를 풀면, 삭막한 느낌의 외계인 슈퍼마켓과는 아주 동떨어진 분위기를 가진 출판사로 들어가게 됩니다. 출판사에는 연녹색 카펫이 깔려 있으며, 그곳은 바닥에서부터 천장까지 쭉 뻗어 있는 자작나무로 된 아치형 구조물에 의해 여러 작은 공간으로 이루어진 것처럼 보입니다. 그룹 스토리텔링 공간이 한가운데를 차지하고 있으며, 공동 작업 공간은 얇고 투명한 커튼으로 나누어져 있습니다. 아이들이 철골 구조물로 꾸며진 외계인 슈퍼마켓에서 자연과 스웨덴의 숲속을 떠올리게 만드는 조용하고 부드러운 출판사 베라타미니스테리에트로 들어서면, 편안함과 안정감을 느끼게 됩니다.

〈캔에 담긴 중력〉, 〈다리가 세 개인 바지〉, 〈우주 왕복선 왁스〉 등등.

가장 잘 팔리는 상품 중 하나로, 눈이 세 개인 사람을 위한 안경이다.

## 평소의 역할에서 벗어날 수 있는 안전한 공간

스토리텔링에 가장 필수적인 조건인 〈안전한 느낌〉을 조성하고 싶었습니다. 출판사처럼 보이도록 내부를 꾸며서 학생들에게 이미 익숙한 학교와는 완전히 다른 분위기와 차분함을 불러일으키고, 이로써 자신들이 원하는 만큼 자신다울 수 있을 뿐만 아니라 표현하고 싶은 것을 마음껏 표현할 수 있는 공간을 만들고자 했습니다.

　우리는 명찰에 적힌 성(姓)을 뺀 이름으로만 학생들을 부르며, 학생들이 센터로 견학을 오기 전에 그들의 신원이나 평가와 관련된 정보에 대해서는 그 어떤 것도 묻지 않습니다. 〈조용한 아이〉라거나 〈까불이〉라고 불리던 아이들이 이곳에서는 전혀 다르게 행동하는 모습이 종종 발견됩니다. 그동안 익숙해져 있던 사회적 환경으로부터 분리된 공간에서는 자신들이 원하는 사람이 될 수 있다고 느끼기 때문이죠. 이곳은 아이들의 이야기를 경청하는 일에 가장 중점을 두고 있습니다. 이 과정을 통해 아이들은 상상으로 지어낸 이야기든 실제 이야기든, 마음껏 풀어놓을 용기를 얻습니다. 바로 이 점이 우리가 이 공간에서 얻고자 하는 목표입니다.

외계인 슈퍼마켓에서 볼 수 있는 보편적인 모습이다.

## 내면의 사고에 영감을 주는 우주

우주는 우리에게 끊임없이 영감을 주는 대상입니다. 학생들이 교육 센터에 도착하면, 우선 외계인에게 필요한 용품으로 채워진 외계인 슈퍼마켓에 발을 들이게 됩니다. 진열대에는 〈캔에 담긴 중력〉부터 〈우주 왕복선 왁스〉까지 다양한 제품이 구비되어 있으며, 특히 〈다리가 세 개인 바지〉는 아이와 어른 모두에게 많은 인기를 얻고 있죠.

우리 행성 너머에 대체 무엇이 있는지 궁금하지 않은 사람은 거의 없을 것입니다. 그리고 상상력을 자극하는 데 우주만큼 강렬한 테마도 없죠. 상점의 테마로 우주를 선택한 이유 중 하나는 우주는 누구에게나 즉각적으로 상상력을 자극하는 주제이며, 그것이 우리가 아이들에게 바라는 점이기 때문입니다. 하지만 무엇보다 중요한 이유는 우주는 언제나 인류의 존재론적 질문을 유발하기 때문입니다. 우리가 살고 있는 세상 저편에 다른 세상이 있다는 생각은 〈생명이란 무엇일까?〉, 〈인간이라는 존재란 무엇일까?〉, 〈어딘가에 다른 생명체가 존재한다면 그것은 대체 우리에게 어떤 의미일까?〉 하는 궁금증을 자아냅니다.

스웨덴 전 총리 스테판 뢰프벤Stefan Löfven이 교육 센터에서 학생들과 이야기하고 있다.

## 이곳은 어떻게 만들어졌나요?

베라타미니스테리에트는 시민 사회, 공공 부문, 민간 부문, 이 세 곳의 협력을 기반으로 운영됩니다. 여러 협업 파트너들 덕분에 커뮤니케이션에서부터 소품 제작에 이르기까지, 모든 부분을 무료로 지원받을 수 있었습니다. 교육 센터의 콘셉트는 건축 회사와의 긴밀한 공동 작업으로 만들어졌고요. 스토리텔링에 대한 우리의 애정과 감각에 그들의 디자인 전문성이 결합되어 지금의 교육 센터가 탄생했습니다.

많은 사람이 우리의 뜻을 가치 있게 여길 뿐만 아니라 우리의 일에 기꺼이 기여하고 싶어 한다는 사실을 알게 되었습니다. 그래서 우리는 공급업체와 공동 작업자들에게 우리가 만들고 성취하려는 것에 대한 전체적인 그림을 제공하고자 항상 노력하고 있습니다. 그들은 특별 할인 품목을 제공하거나 가격을 할인해 주는 방식으로 우리의 계획에 참여하고 있습니다.

그거 알아? 베라타미니스테리에트의 뜻이 〈이야기 본부〉라는 사실.

## 소중한 물건을 다루는 일

이곳에 있는 모든 물건은 소중합니다. 보통 아이들은 물건을 조심해서
다루라는 소리를 항상 듣습니다. 그래서 아이들은 자신들의 손길에 의해
닳거나 훼손되지 않는, 아주 튼튼하고 쉽게 망가지지 않는 물건만 있는
공간에서 대부분의 시간을 보내게 되죠. 하지만 우리는 창의적인 공간으로
아이들을 초대하면서, 그들이 물건을 소중히 다룰 거라고 믿습니다. 신뢰감을
느낀 아이들은 스스로 이 공간을 잘 돌보고 싶어 합니다. 실제로 2011년에
이곳을 연 이래로 아주 소중한 물건은 거의 망가지지 않았습니다.

## 타협을 허용할 수 없는 스토리텔링의 중요성

스토리텔링을 위한 창의적인 공간을 만드는 일은 아주 까다롭지만, 그래도
이야기를 성실히, 또 일관되게 구현하려고 노력해야 합니다.

　　　이런 공간을 만들다 보면 여러 가지 이유에서 어떤 과정을 생략하거나
절차를 무시하고 싶은 생각이 들기 마련입니다. 왜냐하면 비용이나 시간을
절약할 수 있고, 작업자의 일을 수월하게 만들어 줄 수도 있으니까요. 그런
생각이 들 때마다 우리는 왜, 그리고 누구를 위해 이 공간을 만드는지 계속
떠올렸습니다. 아이들은 가장 날카로운 비평가이기 때문에, 손잡이가
가짜이거나 문이 너무 소품처럼 보이면 분명 알아차릴 것입니다. 이는 공간을
통해 이야기를 들려주려는 우리와 청중인 아이들 사이의 신뢰가 무너지게
되는 결과를 가져옵니다. 아이들이 세부적인 장식이나 요소에서 이야기의
허점을 발견하는 것은 우리 중 누군가가 이 이야기를 진지하게 생각하지
않았다는 신호이기도 합니다. 이런 상황은 아이들로 하여금 〈나는 이곳에서 왜
노력해야 하지?〉라는 정당한 의문을 가지게 만듭니다. 때때로 아이들이
우리가 만든 이야기의 허점을 발견해 더 나아지는 경우도 있습니다. 그 예로,
편집자 슈워츠가 추운 스칸디나비아반도에서 겨울 내내 얇은 트렌치코트
하나만 걸치고 다니는 것은 말이 안 된다는 지적이 있었죠. 그래서 그는 이제
겨울용 코트 한 벌과 여름용 트렌치코트를 가지게 되었답니다.

## 관대한 마음이 필요한 이야기

스토리텔링이 가진 훌륭한 점은 일단 이야기를 제대로 갖추고 나면, 나이를 불문하고 모두의 마음을 사로잡을 수 있다는 사실입니다. 우리는 공사장 인부, 전기 기술자, 이웃, 공급업체 들이 우리가 궁극적으로 이루려고 하는 것이 무엇인지 마침내 깨달은 순간, 그들의 눈에서 〈아하!〉 하는 듯한 눈빛을 자주 목격했습니다. 그렇게 반짝 무언가가 이해되면 작업을 대하는 사람들의 태도는 즉시 변합니다. 그들의 마음가짐은 그저 평소처럼 일한다는 것에서 보다 큰 무언가를 위해 참여한다는 것으로 발전합니다. 보다 큰 무언가의 일부가 된다는 것은 사람들의 본질적인 동기를 끌어냅니다. 이는 다른 사람들을 참여시키게 만드는 아주 강력한 도구로도 작용합니다. 그렇기 때문에 우리와 협력하는 사람들에게 우리의 생각을 설명하는 데 한 시간을 더 할애하는 일은 정말 보람 있는 일이라고 할 수 있습니다.

그럼 이건? 외계인은 스웨덴어로 〈어톰요딩〉이야.

### ① 초록 선탠로션
디자인: 해피 F&B    문구: 패니 실트버그

외계인용 선탠로션으로, 표면 세포막에 충분히 펴 바르면 오래 지속되는
멋진 초록색 피부를 얻을 수 있다. 범은하계 검사필.

### ③ 캔에 든 중력
디자인: 해피 F&B    문구: 패니 실트버그

외계인 슈퍼마켓의 베스트셀러 중 하나로, 즉각적으로 현실 세계와
연결된 듯한 감각을 확실하게 얻을 수 있다. 여행할 때 무중력 상태에서
청각 기관 뒤쪽에 도포하면 된다.

### ② 병 속에 든 진공
디자인: 해피 F&B    문구: 패니 실트버그

병 속에 든 진공은 완전한 진공 상태를 만들어 준다. 특히 스트레스가
많은 우리 은하계에서 아주 진귀하고 인기 있는 제품이다. 이것의 진공
레벨은 대기압의 1,000분의 1 이하다.

### ④ 외계인 슈퍼마켓의 제품군
디자인: 해피 F&B    문구: 패니 실트버그

외계인 슈퍼마켓은 토성의 흙에서부터 로켓 연료까지 까다로운
외계인에게 필요할 만한 물건을 고루 갖추고 있다.

# HOXTON STREET

*~Bespoke and Everyday Items for the Living, Dead or Undead ~*

이야기 본부

The Ministry of Stories

설립 연도: 2010년
디자인: 위 메이드 디스의 알리스테어 홀
면적: 1,200평방피트(33평, 111제곱미터)
주소: 159 혹스톤 스트리트, 영국 런던

영국 런던

## 이야기 본부는 어떻게 만들어졌나요?

테마를 〈괴물〉로 결정하기 전에 세 가지 정도의 후보를 두고 고심했습니다. 〈괴물을 위한 상점〉, 〈외계 생물을 위한 슈퍼마켓〉, 〈도둑과 소매치기를 위한 상점〉, 이 세 가지였죠. 사실 세 번째 테마가 제일 마음에 들었습니다. 하지만 이것이 〈아이들에게 영감을 줄 수 있는 공간의 테마〉라고 시민 의식을 가진 사람들을 설득시킬 수 있을지 확신이 서지 않았습니다. 우리는 여러 연령대의 아이뿐만 아니라 성별에 관계없이 모두 관심을 가질 만한 괴물이라는 테마를 최종적으로 선택했습니다.

이곳의 테마를 탐색하고, 발견하고, 구체화하는 과정은 점차 더 넓은 범위의 창의적인 지원자와 자원봉사자들을 참여시키는 데 아주 좋은 기회가 되었습니다. 우리는 에거스의 〈별나고 이상한 것을 추구해야 한다〉는 조언을 우리가 나아갈 방향의 원칙으로 삼았습니다. 테마가 확고해진 후에는 그 〈별난 것〉이 우리를 어디로 데려가든, 아주 충실히 따랐습니다. 새로운 상품과 공간에 대한 아이디어를 되도록 빨리 개발하는 데 도움을 받고자, 방과 후 글쓰기 동아리에서 아이들의 상상력을 동원하기도 했죠. 모든 과정에서 우리는 이야기의 원칙과 우리가 만든 세상의 규칙을 고수하려고 노력했습니다.

혹스톤 스트리트에 상점이 생기기 전에는, 괴물들이 한밤중에 기어 나와 필요한 약품을 구해야 했다.

164

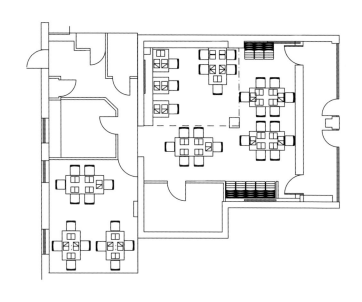

## 공간 디자인에 영향을 준 것은 무엇인가요?

우선 빅토리아 시대에서 그 이후에 이르기까지 이 지역에 있었던, 영국 상점을 옛날 사진 속 모습과 현대에 개조한 실제 모습을 비교하면서 둘러보았습니다. 우리는 〈혹스톤 스트리트 괴물 상점Hoxton Street Monster Supplies〉이 1818년에 문을 연 이후 계속 한자리를 지키다가 최근에야 약간의 개조 작업을 거친 잡화상처럼 보이기를 바랐습니다. 미국의 826 센터들로부터 힌트를 얻어, 아무렇지도 않은 표정으로 썰렁한 농담을 던지는 듯한 분위기를 연출하기로 했습니다. 괴물은 실제로 존재하고 그 괴물이 특별히 필요로 하는 물건을 공급하는 상점이 있어야 한다는 가정하에, 과연 그런 상점은 어떤 모습일지 상상했죠.

　　한편 글쓰기를 위한 공동 작업 공간으로서 이곳이 따뜻하고, 매력적이고, 밝고, 창의적이고, 영감을 주기를, 그리고 친근하기를 바랐습니다. 동시에 발표 공간이나 교습 공간으로도 쉽게 변경할 수 있는 다기능적인 공간이어야 했고요.

## 글쓰기 센터의 공간을 어떻게 창의적으로 디자인했나요?

우리는 〈단어의 벽〉을 만들었습니다. 글을 쓰다가 생각이 막혔을 때, 아이들은
그곳에 가서 단어를 끄집어낼 수 있습니다. 그중에서도 가장 눈에 잘 띄는
자리를 차지하고 있는 〈인광성의phosphorescent〉라는 단어는, 초창기에
이야기 만들기 워크숍을 진행했을 때 한 여학생이 자신의 반에서 공동으로
쓰고 있던 이야기의 첫 문장을 〈그래서 그 인광성의 태양이 떠올랐다〉로
하자고 제안한 일화를 기념하는 것입니다. 당시 모든 어른은 그 여학생의
생생한 문장에 완전히 감동을 받았습니다. 나머지 학생들이 여학생 쪽을
돌아보며 거의 한목소리로 〈아, 그런데 너는 만날 그 문장으로
시작하잖아〉라고 말할 때까지만 감동이 지속되긴 했지만, 우리에게 큰 영향을
끼친 것은 분명합니다.

우리는 일러스트레이터 헤더 슬론Heather Sloane에게 이 공간이
학교처럼 삭막하지 않으면서도 여전히 깔끔하고 밝게 유지되도록 멋진 라인
드로잉을 그려 달라고 의뢰했습니다. 공동 작업 공간의 분위기가 아이들의
글쓰기에 영향을 주지 않길 바랐기 때문에, 모든 종류의 글을 쓸 수 있도록 빈
페이지와 같은 느낌을 주고 싶었죠. 그와 동시에 이야기 본부의 정체성을
드러내기 위해 이상한 타자기, 특이한 책 무더기, 글쓰기를 주저하는 아이들의
마음을 열 수 있는 재치 있는 농담 등 몇 가지 특징적인 요소를 포함시켰습니다.

괴물을 두려워하지 않는 용감한 인간들이 방과 후 글쓰기 클럽에서 자신들의 작품을 큰 소리로 읽고 있다.

이 상점은 〈1818년 이후 으르렁거리면서 손님을 맞이하고 있는 것〉을 자랑으로 삼는다.

여러 종류가 있는 〈캔에 담긴 두려움〉은 즉흥적으로 떠오른 아이디어로 만든 제품입니다. 자세히 말하자면, 먼저 캔을 비운 채로 두어서는 안 되겠다는 생각이 들었습니다. 그래서 두려움을 단계별로 구분해 각각에 이름을 붙인 다음 유명한 작가들에게 그것을 토대로 이야기를 지어 달라고 의뢰했죠. 그리하여 로라 도크릴Laura Dockrill의 〈애매한 불안함〉, 닉 혼비Nick Hornby의 〈조마조마〉, 데이비드 니콜스David Nicholls의 〈안절부절〉, 존 던스론Joe Dunthorne의 〈악화되는 공황 상태〉, 그리고 제이디 스미스Zadie Smith의 〈치명적인 공포〉가 탄생했습니다. 처음에는 그저 진열대와 선반을 채우려고 고안했던 제품이 결국은 이곳의 상징이 되었죠. 우리는 모든 제품이 단지 농담거리나 쓰레기가 되는 데 그치지 않고 쓸모가 있기를 바랐습니다. 이 창의적인 제한 조건은 〈송곳니 치실〉(사실은 정원용 노끈)과 〈세상에서 가장 걸쭉한 콧물〉(실제로는 레몬 커드) 같은 상품을 개발하는 데 영향을 미쳤습니다.

센터가 반쯤 완성되었을 무렵, 우리는 시험 삼아 수업을 진행했습니다. 그 결과, 작업 공간의 소음 수준을 낮추어야 한다는 사실을 깨달았어요. 그러다 한정적인 무늬와 색깔의 카펫을 구비하고 있는 업소용 카펫 판매자를 찾았습니다. 선택의 여지가 별로 없었지만, 우리는 그 안에서 창의적인 해결책을 강구해 냈습니다. 가장 주된 공간을 위해서는 옅고 튀지 않는 회색 카펫을 고르고, 뒤쪽에 있는 공간을 위해서는 밝고 화려한 초록색 카펫을 골랐죠. 발밑에 잔디가 있는 느낌을 주려고 선택한 줄무늬 카펫은 벽에 붙어 있는 야외 모습이 담긴 그림과 아주 잘 어울렸습니다.

우리는 이케아 가구를 직접 조립했습니다. 선반과 탁자, 공책을 보관할 서랍도 조립하느라, 톱질을 정말 많이 했죠. 6개월 정도가 지나자, 이곳에 더 많은 학생이 모였고 선반을 확장해야 했습니다. 하지만 이케아는 판매 제품을 자주 변경하기 때문에, 동일한 제품을 살 수 없는 문제가 생겼습니다. 기존의 선반과 짝이 맞도록 설치하기 위해 우리는 이베이에서 우리가 가지고 있는 제품과 짝이 맞는 유일한 중고 서랍을 찾았고, 그것을 가지러 교외까지 나가야 했답니다.

## 현실적인 예산으로 환상적인 공간을 만드는 일

상품을 만들기 위한 초기 예산은 약 7,000파운드 정도였습니다. 생산 비용이 적게 드는 물건으로 선반을 채워야 한다는 사실을 빨리 깨달았죠. 그래서 우리는 빈 캔을 공급하는 업체 버밍햄 틴 박스Birmingham Tin Box를 찾았고, 대형 화물 운반대로 여러 개 되는 분량의 캔을 구매했습니다. 대폭 할인된 가격으로 말이죠. 난독증이 있는 그 업체의 책임자가 우리의 계획을 듣고 깊이 공감했고, 본인처럼 난독증이 있는 아이들이 글을 잘 쓸 수 있도록 지원받기를 바랐기 때문입니다. 그러고 나서 우리는 라벨을 인쇄하고(비용을 절감하기 위해 흑백으로 인쇄했습니다), 자원봉사자들을 모집하여 캔에 라벨을 붙이고, 내용물을 채워 넣었습니다.

우리는 모든 종류의 회사와 친분을 맺었으며, 이웃과도 친구가 되었습니다. 동네 펍에는 직접 제품을 만드느라 쩔쩔매는 우리의 모습을 호기심 어린 눈으로 지켜보는 단골손님들도 있었습니다. 그들과 함께 맥주를 마시며 대화를 나누었습니다. 그중 쿠키Cookie와 제이Jay는 사다리와 좋은 연장을 가져와 간판을 달아 주었습니다. 그리고 자신들의 지인인 전기 기술자를 소개했는데, 그 전기 기술자는 우리가 지역의 아이들을 위해

오래된 저주 때문에 상점의 수익금은 반드시 이야기 본부로 보내야 한다.

참고 사항: 요정 가루를 수확하는 과정에서는 어떤 요정에게도 해를 입히지 않는다.

무언가를 하고 있다는 사실을 아주 마음에 들어 했습니다. GF 스미스GF Smith를 비롯한 훌륭한 제지 공급업체는 스크린 인쇄물과 책 제작을 위한 종이를 기부했습니다. 우리는 제지 공급업체에서 인쇄를 하고 난 후 남은 자투리 종이가 우리가 만들려는 인쇄물에 적합한 크기인지만 확인하면 되었죠.

　모든 과정을 진행하는 동안, 자선 거래나 가격 할인을 요청하곤 했습니다. 이를 통해 웨일스에서 천연 바다 소금을 생산하는 가족 기업인 할렌 몬Halen Mon과 같은 아주 훌륭하고 창의적인 협업 파트너도 만났습니다. 그들은 새로운 제품군 〈눈물로 만든 소금〉을 위해 소금 혼합물 샘플을 열여섯 가지나 준비했습니다. 또한 우리의 아이디어에 호감을 표현하면서, 최종적으로 선택한 다섯 가지 소금을 일반적인 수량보다 훨씬 적은 수량으로도 주문할 수 있도록 해주었습니다.

　우리는 제로 웨이스트에 기반을 두고 있습니다. 예를 들어, 상점 공간과 워크숍 공간을 나누기 위해 사용한 불투명 아크릴 창은 꽤 비싼 재료였습니다. 그래서 사용하고 남은 아크릴 창을 이용해, 워크숍 공간에 둘 조명 박스를 제작했습니다. 그 밖에 센터에 있는 책장 역시 모두 자투리 나무를 사용해 만든 것입니다. 그렇기 때문에 책장의 모양과 크기가 다 다릅니다.

## 공동 작업에서의 창의성

알리스테어 홀Alistair Hall은 에거스의 테드 강연에 대한 글을 블로그에
올렸고, 이것을 루시 맥냅Lucy Macnab과 벤 페인Ben Payne, 나중에는
혼비까지 보았습니다. 우리는 그들을 포함해 자원봉사자 팀을 꾸렸고, 그들은
공간을 위한 다양한 요소를 조합하고 구성하는 데 많은 보탬이 되었습니다.
초기 디자인 단계에서는 메이크:굿make:good(어린이를 위하고 어린이와
함께하는 공간을 디자인하는 전문가), 데이비드 오군무이David
Ogunmuyiwa, 린 아틀리에Lyn Atelier의 앤드류 락Andrew Lock(그의 목공
기술은 마지막 공사 단계에서 정말 놀라운 역할을 했습니다) 등 세 명의
건축가로 구성된 팀이 함께해 주었습니다.

　　홀은 처음 이 자선 프로젝트가 시작되었을 때부터 예술 감독으로서
혹스톤 스트리트 괴물 상점과 이야기 본부의 정체성을 구축했으며,
현재까지도 상점 디자인의 90퍼센트를 도맡고 있습니다. 상점 안에 있는
우체국은 알리슨 네이버Alison Neighbour가 만들었는데, 이때 홀이 그래픽
디자인을 담당했으며 센트럴 세인트 마틴 예술 디자인 학교의 학생들이
도움을 주었습니다.

　　훌륭한 그래픽 디자인 팀에는 버제스 스튜디오Burgess Studio, 베키
칠콧Becky Chilcott, 에드 코니시Ed Cornish(다양한 괴물 안내서 및 책 제작),

잭 노엘Jack Noel, 슈 한 리Shu Han Lee, 알렉스 패럿Alex Parrott, 앤디 저먼Andy German, 앤서니 저레이스Anthony Gerace와 같은 자원봉사자와 뉴 노스 프레스New North Press(괴물 카드 디자인) 등이 있었습니다. 그 밖에도 스튜디오 위브Studio Weave(눈물로 만든 소금), 태티 데바인Tatty Devine(괴물 장신구), 폭스 트윈스 앤 프렌즈Fox Twins and friends(혹스톤 스트리트 괴물 상점의 웹 사이트), 피애스코 디자인Fiasco Design(이야기 본부의 현재 웹 사이트), 매니페스트 런던Manifest London(이야기 본부의 과거 웹 사이트), 마틴 잭슨Martin Jackson(제품 광고 문안), 리드 워즈Reed Words(여러 다양한 프로젝트의 광고 문안) 등 많은 사람으로부터 도움을 받았습니다. 공간을 창조하고 많은 제품을 구현하는 데 있어 놀라울 정도로 재능 있는 디자이너, 작가, 삽화가, 공간 디자이너 들과 함께 일한 셈이죠. 아이들과의 공동 작업 역시 상점의 신제품을 개발하고 시험하는 데 핵심적인 역할을 했습니다. 아이들은 〈호기심 분실 캐비닛〉에 대한 개념을 함께 썼고 〈물건 찾기 게임〉을 디자인했으며, 우체국 서비스에 관한 내용에도 관여했습니다. 우리는 아이들의 아이디어가 가진 힘을 믿습니다. 또 아이들에게 상상의 세계를 실제로 디자인하는 기회를 주는 것이야말로 정말 좋은 교육 방법이라고 생각합니다.

학생들은 혹스톤 스트리트 괴물 상점 안쪽에 있는 아늑하고 여유로운 공간에서 작업한다.

### ① 어린이를 위한, 여러 종류의 캔에 담긴 두려움

문구 및 디자인: 위 메이드 디스

작은 괴물에게 적합한 초보자용 제품이다. 캔 안에는 사탕이 들어 있으며, 특별히 유명한 동화 작가들에게 부탁해서 받은 이야기로 다음과 같은 것이 있다. 제레미 스트롱의 〈소름〉, 앤디 스탠튼의 〈한밤의 식은땀〉, 오인 콜퍼의 〈한밤의 공포〉, 찰리 히그슨의 〈다가오는 두려움〉, 메그 로소프의 〈불안〉.

### ② 늑대 인간 비스킷

문구 및 디자인: 위 메이드 디스

늑대 인간의 건강을 지켜 주고 자연 방어력을 높여 주는 좋은 성분이 포함된, 두툼하고 부드러우며 입에서 살살 녹는 비스킷이다. 풍미가 그득한 보름달 모양의 비스킷은 활력과 행복 지수를 높이며, 풍부하고 윤기 있는 털을 유지하는 데 도움을 준다.

### ③ 눈물로 만든 소금

문구 및 디자인: 위 메이드 디스
아이디어 구상: 스튜디오 위브

수백 년 된 기술과 가장 신선한 인간의 눈물을 결합해 만든 소금이다. 눈물을 가볍게 끓여 얕은 결정화 탱크로 흘려보낸 뒤, 수작업으로 채취하고 마지막에 소금물로 헹구어 만든다. 이곳에서만 독점 판매하는 제품이니 다양한 소금의 맛을 모두 경험해 보자.

### ④ 요정 가루

문구 및 디자인: 위 메이드 디스

분말로 된 혼합물은 여러 종류의 픽시와 요정의 날개에서 채취한 것이다. 비행을 할 때나, 엉큼함을 조금 더 향상시키고 싶거나, 환한 안색을 원할 때 사용하면 좋다. 살짝만 뿌려도 효과가 오래 지속된다.

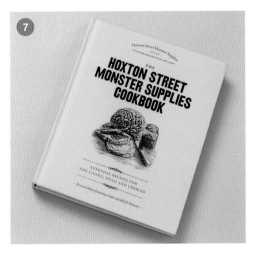

**⑤ 농축 귀지 바**
문구 및 디자인: 위 메이드 디스

〈캔에 담긴 두려움〉으로 엄격한 식이 요법을 한 인간에게서 수확한 귀지로 만든 농축 귀지 바는 맛도 좋고 가성비도 훌륭하다.

**⑥ 뇌 보충제**
문구 및 디자인: 위 메이드 디스

미라를 위한 주의 사항: 진짜 뇌 부스러기로 만들었으며, 그 뇌의 평균 아이큐는 145이다. 인간을 위한 주의 사항: 속은 쫄깃쫄깃한 딸기 맛이고 겉에는 바삭바삭한 딸기 맛 설탕이 뿌려져 있다.

**⑦ 혹스톤 스트리트 괴물 상점 요리책**
출판사:
미첼 비즐라 프레스의 옥토퍼스 북스

우리는 수백 년 동안 괴물 공동체에 최상급 상품을 공급해 왔다. 트롤을 즐겁게 해주기 위해서든, 흡혈귀 파티를 벌이든 혹은 좀비를 초대해 같이 저녁 식사를 하든, 이 책만 있으면 어떤 경우에도 어울릴 만한 맛있는 요리를 만들 수 있다.

**⑧ 송곳니 치실**
문구 및 디자인: 위 메이드 디스

경탄스러울 만큼 튼튼한 송곳니 치실이다. 이쑤시개나 칫솔이 닿지 않는 곳까지 구석구석 청소할 수 있을 뿐만 아니라, 뇌, 선혈, 뼈, 내장, 창자, 해조류, 토피 사탕, 그 외에 아주 많은 것까지 전부 다 포함해 송곳니에 잘 끼는 온갖 이물질을 제거하는 데도 아주 효과적이다.

## 여러 종류의 캔에 담긴 두려움
문구 및 디자인: 위 메이드 디스

혹스톤 스트리트 괴물 상점의 캔에 담긴 두려움을
구입해서 다른 괴물의 부러움을 한 몸에 받아 보자.
각 캔에는 라벨에 적혀 있는 감정이 끓인 사탕의 형태로
담겨 있다.

〈조마조마〉는 효과가 서서히 나타나지만 가장 확실하게
조마조마한 심정을 만드는 효과가 있다. 편안함, 자신감,
만족감과 같은 모든 증상을 교정하고 완화시킨다. 참을 수
없을 정도의 교만함에 사용하면 가장 좋다. 하지만 맛이
아주 좋지는 않다. 〈악화되는 공황 상태〉는 순수한 공황
상태를 꾸준히 증가시켜야 하는 모든 경우에 적합하다.
특히 군중 속에서 효과가 더 잘 나타난다. 단, 치명적인
공포와 혼동하지 말 것. 〈안절부절〉은 곧장 경탄이 나올
만큼 안절부절한 감정을 끌어내 모든 경우의 무사태평함,
기쁨, 따뜻함 및 일반적인 행복감을 빠르게 없앤다.
〈조마조마〉의 가장 적절한 대체품이나, 약간의 위험이
따를 수 있다. 〈치명적인 공포〉는 여러 가지 경미한
형태의 공포감보다 훨씬 강력한 공포감을 위한 제품으로,
치명적인 두려움을 아주 즉각적이고 현실감 있게 주입하는
데 매우 효과적이다. 이상할 정도로 맛이 좋고 놀라울
정도로 효과가 빠르다. 〈애매한 불안함〉은 편안한 기분을
효과적으로 없애고 분명치 않은 불안함을 상승시킨다.
가정용으로 사용하기 좋다. 100퍼센트 정품임을
보증한다.

**Hoxton Street Monster Supplies**

ESTᴰ 1818

~ *Purveyor of Quality Goods for Monsters of Every Kind* ~

TINNED FEAR

# ESCALATING PANIC

PREPARED BY
MR JOE DUNTHORNE

Suitable for all instances where one needs to instil a steadily
increasing sensation of pure panic. Particularly effective in
crowds. Not to be confounded with Mortal Terror.

---

**n Street Monster Supplies**

ESTᴰ 1818

~ *r of Quality Goods for Monsters of Every Kind* ~

TINNED FEAR

# RTAL TERROR

PREPARED BY
Ms ZADIE SMITH

ng Purposes, superior to many milder forms of
gularly efficacious in instilling an immediate, and
ar of death. Oddly pleasant to taste, marvellously

---

**Hoxton Street Monster Supplies**

ESTᴰ 1818

~ *Purveyor of Quality Goods for Monsters of Every Kind* ~

TINNED FEAR

# A VAGUE SENSE OF UNEASE

PREPARED BY
Ms LAURA DOCKRILL

Effectively destroys all feelings of ease, creating a rising yet
uncertain sense of disquiet. Invaluable for general uses in the
home. Guaranteed perfectly pure and genuine.

#### ⑨ 밴시* 알사탕
문구 및 디자인: 위 메이드 디스

밴시를 위해 특별히 제조된
강력한 사탕이다. 과도한 비명,
울부짖음, 신음, 통곡 후에 목
상태를 진정시키고 회복시킨다.

#### ⑩ 망할 놈의 박하사탕**
문구 및 디자인: 위 메이드 디스

불쾌할 정도로 행복하고, 활기가
넘치고, 쾌활하다고? 망할 놈의
박하사탕 한 알이면, 즉각적으로
불행한 마음과 우울함이 생긴다.

#### ⑪ 달빛
문구 및 디자인: 위 메이드 디스

신속하고 효과적으로 인간에서
늑대로 변신시켜 주는 제품이다.
가공할 정도로 기발한 이 장치는
낮에 햇빛을 모아 두었다가 밤이
되면 보름달 빛으로 변환시킨다.

#### ⑫ 달빛(뒤쪽)
문구 및 디자인: 위 메이드 디스

현대의 늑대 인간에게는 보름달이
뜰 때까지 한 달이나 기다려야 하는
일이 너무 불편하기 마련이다. 달빛
한 병이면, 언제든지 늑대로 변할
수 있다. 외부나 직사광선이 드는
창가에 몇 시간 두어야 충전된다. 한
번 충전하면 5시간가량의 보름달
빛이 저장되며, 해 질 녘에 거의 바로
효과가 나타난다.

* 구슬피 울면서 누군가가 죽게 될 것을 알린다는, 아일랜드 민화에 나오는 여자 유령.
** 소설 「크리스마스 캐롤A Christmas Carol」 스크루지가 크리스마스는 다 사기라는
식으로, 〈망할 놈의 크리스마스Bah, Humbug〉라고 한 말을 인용해서 만든
문구이다. 영국에서는 〈humbug〉가 끓여서 만든 박하사탕이라는 의미도 있다.

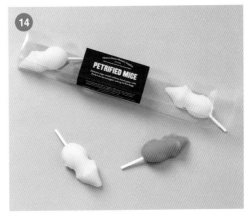

(13)
**좀비 프레쉬 민트**
문구 및 디자인: 위 메이드 디스

밤새 인간을 마구 잡아먹은 후
끔찍한 구취에 시달리고 있다면,
놀라울 정도로 강력한 민트
사탕으로 끔찍한 구취를 없애
보자.

(14)
**석화(石化)된 쥐**
문구 및 디자인: 위 메이드 디스

작은 괴물을 위한 안내문: 설치류에
설탕을 입혀 아주 딱딱하게 얼린
제품이다. 어린 괴물의 송곳니
상태를 처음 시험하기에 완벽한
제품이기도 하다.
인간을 위한 안내문: 그저 역사가
오래된 영국식 사탕이다.

(15)
**바삭하게 구운 뼈 덩어리**
문구 및 디자인: 위 메이드 디스

식인 거인을 위한 안내문: 이 뼈를
갈아서 빵을 만들어 보자(또는
제과용으로 사용해도 좋다).
인간을 위한 안내문: 어린이나
어른, 모두가 좋아하는 달고나
사탕이다.

(16)
**용의 간식**
문구 및 디자인 : 위 메이드 디스

용을 위한 따뜻하고 맛있는
간식으로, 아주 뜨거운 불을
유지하게 해주고 이빨, 발톱, 비늘,
뿔, 날개를 튼튼하게 만들어 준다.
첫맛은 짜지만 고추의 매운맛이
뒷맛에 남아서, 새까맣게 탄
인간을 대신할 수 있는 훌륭한
간식이다.

# 826 보스턴

826 Boston

설립 연도: 2007년
디자인: 다니엘 존슨
면적: 1,300평방피트(36평, 120제곱미터)
주소: 3035 워싱턴 스트리트, 매사추세츠 록스베리

**매사추세츠 록스베리**

그레이터 보스턴 빅풋 연구소가 개장하기 전에는 미확인 생물을 전문으로 다루는 연구소가 한 군데도 없었다.

## 826 보스턴의 테마에 대한 아이디어를 어디에서 얻었나요?

보스턴은 암에서부터 인간 게놈까지 온갖 주제를 다루는 대규모 연구소들의
중추입니다. 우리는 그런 점에 대한 이야기를 나누면서 혹시 그중에 빠진
분야는 없는지 또는 아직 연구되지 않고 있지만 연구가 필요한 주제는 없는지
생각했습니다. 그러다가 〈그레이터 보스턴 빅풋* 연구소Greater Boston
Bigfoot Research Institute〉라는 테마를 생각해 냈죠. 네 개의 단어 사이에
〈빅풋〉이라는 단어가 자리하고 있는 것은 바로 우리가 의도한 유머입니다.
지나가는 사람은 〈오, 그냥 연구소 건물인 줄 알았는데〉 하고 말하다가
〈빅풋〉이라는 단어를 보고 안을 들여다보게 됩니다. 그러면 약 2.7미터 높이의
빅풋, 병에 든 눈알, 거머리 등 이상한 물건을 발견할 수 있습니다. 처음에는
움찔하다가도 호기심을 자극해 끌리게 만드는 방식으로, 특정 연령대의
아이들에게 관심을 얻을 수 있습니다.

* 북미 서부에 살고 있다고 알려진 온몸이 털로 덮인 원숭이.

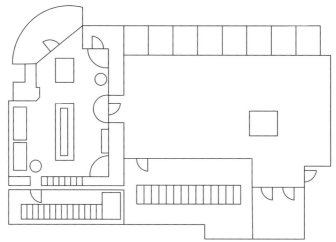

평면도를 보면, 매장 뒤쪽에 탁 트인 교습 공간이 숨겨져 있다는 것을 알 수 있다.

## 디자인에 대한 아이디어는 어디에서 나왔나요?

처음에 이곳에는 정말 아무것도 없었습니다. 버려진 자동차 정비소를 다 걷어
내고 아래층에 별도의 공간을 가진 주거지로 변형시킨 곳이었기 때문에, 마치
빈 캔버스와 다름없었죠. 주변 지역에 비해 상대적으로 최근에 개발된 지역에
위치해, 왠지 연구소 같은 분위기가 풍겼습니다. 〈궁금증 캐비닛〉 혹은
〈호기심 캐비닛〉이라는 의미의 〈분더카머*〉 아이디어는 공간에 풍성한
분위기를 더했습니다. 사회학자였다가 빅풋 연구자로 전향한 로렌 콜맨Loren
Coleman은 실제로 메인주 포틀랜드에 박물관을 소유하고 있습니다. 우리는
필라델피아에 있는 해부학적·생리학적 변이를 수집하고 있는 뮤터 박물관을
둘러보았습니다. 샴쌍둥이가 병에 들어 있는 연구소 같은 곳 말이죠. 또
로스앤젤레스에 있는 쥐라기 기술 박물관에서도 영감을 받았고, 하버드
자연사 박물관 역시 아주 훌륭한 협력자이자 지지자가 되어 주었습니다.
우리가 이곳의 테마를 연구소와 관련짓기로 결정한 다음부터 하버드 자연사
박물관의 담당자는 〈우리에게는 과학적으로 별로 의미가 없는 물소 머리가
있는데, 혹시 가져갈래요?〉와 같은 내용으로 전화를 걸었답니다.

---

\* 　15세기 르네상스 시대의 유럽에서 독일어 〈분더카머Wunderkammer〉는
　흥미로운 물건을 전시하는 공간을 의미한다. 골동품, 화석과 같은 역사적으로
　희귀한 물건, 예술품 등 호기심을 불러일으키거나 희귀한 것을 모아 두던 캐비닛
　혹은 방이었는데, 18세기에 들어서면서 박물관의 형태로 바뀌었다.

미닫이문을 열면 교습 공간이 나타난다.

연구소 안에서 학습 활동을 하는 학생과 자원봉사자들.

아티스트가 만든 상품과 단명한 과학 발명품이 상점 안에 혼재되어 있다.

제대로 된 연구소라면 반드시 작은 라벨이 붙은 병이 있어야 하는 법.

그 밖에도 물건이 잔뜩 든 서랍, 베니션 블라인드, 여러 기계 장치에 접속된 전선처럼, 심오한 실험과 조사가 연구소 안에서 진행되고 있다는 증거가 많다.

**어떤 사람들이 참여했나요?**

우리가 826 센터들을 통해서 사람들을 모집한다고 이야기한 이후부터, 우리에 대한 소문이 여기저기 돌았습니다. 사람들이 친구의 친구까지 불러 모으기 시작했죠. 아주 훌륭한 사람이 여럿 모였습니다. 어린이 박물관의 직원을 비롯해, 과학자, 그래픽 디자이너, 예술 학교 학생, 작가, 코미디언까지, 완벽한 조합이었습니다.

우리는 팀에 합류한 사람들에게 어떤 방식으로 이 작업에 참여하고 싶은지 물었습니다. 일단 팀이 꾸려지고 난 다음에, 정말 되는대로 생각을 내뱉으며 브레인스토밍을 하기 시작했습니다. 하지만 무언가를 시도할 만한 돈이 없었습니다. 덕분에 6개월 동안 보조금이 승인되기를 기다리며, 우리의 아이디어를 조금 더 구체화할 수 있었죠. 비록 돈은 없었지만 수많은 창의적인 동료와 하얀 캔버스 같은 정말 멋진 빈 공간이 있었거든요.

**이곳을 채우고 있는 물건은 어떻게 구했나요?**

어떤 때는 구매를 하기도 했고 어떤 때는 그냥 우연히 발견하기도 했습니다. 우리에게는 아무에게, 그리고 모든 사람에게 보낼 수 있도록 준비한 〈기부

과학자가 실험 도중에 자리를 뜨면 이런 상태가 된다.

화석이 된 〈아르마딜로armadillo〉 표본. 여기에서는 〈아프리카풀밭쥐arvicanthis niloticus〉로 잘못
알려져 있다.

요청〉편지가 있습니다. 편지에 우리가 원하는 것을 명시했죠. 20~25명의
팀원은 주변의 모든 사람과 그 편지를 공유했습니다.

　　센터에 〈정보의 벽〉*이 있습니다. 이것은 열고 닫을 수 있도록
만들어져 있어, 교습 공간을 숨길 수 있습니다. 언젠가 코네티컷에 있는 헛간
문을 제작하는 회사에서 연락이 왔고, 아직도 헛간 문을 설치하고 싶다면
자신들이 기부하겠다며 페덱스로 문을 보내 준 덕분입니다. 게다가 그들이
직접 여기까지 와서 설치도 해주었죠. 아마 비용을 지불했다면, 수천 달러는
족히 들었을 것입니다.

　　또 뉴욕 북부에 사는 한 친구의 아버지가 공중전화 부스를 가지고
있다는 소식을 듣고, 유홀**을 달고 그 물건을 가지러 간 적도 있습니다.
처음에는 어디에 써야 할지 아무 생각이 없었습니다. 그래도 일단 이곳으로
옮겨 왔고, 어린이 박물관에서 일하는 메간 디킨슨Megan Dickinson이
공중전화 부스를 기후 예측실로 만드는 것이 좋겠다며 자신이 한번 꾸며
보겠다고 말했습니다.

　　어느 날 거대한 예술품 운반용 상자를 보게 되었는데, 이는 내부 장식을
하는 데 있어 큰 돌파구를 열어 주었습니다. 가로 길이가 2.7미터, 세로 길이가
1.2미터 정도 되는 거대한 크기의 상자였습니다. 우리는 그것을 정보의 벽을

*　　스티커나 메모지 등을 벽에 붙여서 시간에 따른 학생의 성취도를 보여 주는
　　게시판.
**　자동차에 매다는 이삿짐용 트럭.

185

연구 자료를 열심히 보고 있는 모습. 어쩌면 화석화된 들쥐에 관한 것일지도
모른다.

흐릿한 사진과 흔들리는 영상, 흉악한 범죄, 판결을 기다리는 단서!

만드는 데 사용하기로 했습니다. 그리하여 현지에 그런 거대한 상자를 만들고
다시 해체하는 예술품 운송 회사 아텍스Artex에 연락했고, 그들은 많은
상자를 기부해 주었습니다. 온갖 종류의 상자 표본을 정말 적절히 잘
사용했습니다. 방문객이 들어올 때 카운터 뒤에 있는 사람을 올려다볼 수
있도록 아주 높은 카운터도 만들었죠.

      우리는 많은 제품을 직접 제작했습니다. 낚시 미끼 같은 아이템을
뒤져서 거대한 아기 지네를 만들기도 했죠. 매주 우리는 각자 물건을 가져와서
발표하는 시간을 가졌고, 그룹을 나누어 센터의 테마, 제품, 분위기, 그래픽
디자인, 브랜드에 대해 생각하는 시간도 가졌습니다. 하나의 조직으로 성장해
가면서, 여러 업체가 연락을 해왔고 그들은 우리를 후원하기로 했으며 무료로
무언가를 해주기 시작했습니다. 일단 지역 공동체 안에서 눈에 띄면, 사람들이
다가와서 도움을 제공합니다. 청구서를 대신 지불하는 일에서부터 숙제를
돕는 일까지, 모든 일상적인 일을 각자 묵묵히 해나갑니다. 그러다가 엉뚱하고
기이하지만 정말 근사한 일이 생기면, 그 일에 참여하고 싶어 합니다. 그 점이
바로 826 내셔널이 가진 멋진 모습인 것 같아요.

보스턴 전 시장 마티 월시(Marty Walsh)가 강연을 하고 있다. 아마 빅풋을 목격한 최근 사례라든가 유니콘이 실재한다는 것을 뒷받침하는 새로운 증거에 대해서 말하고 있는 것이 아닐까.

신참 동물학자가 주의 깊게 현장 노트를 검토하고 있다.

①

### 유니콘 눈물

디자인 및 문구: 올리버 우베르티

가장 희귀한 제품 중 하나이다. 유기적이고 윤리적인 방식으로 얻은 유니콘 눈물은 당신에게 닥칠 수 있는 그 어떤 질병에도 특효를 발휘하는 신비스러운 치료제이다. 속병이 났을 때 혹은 비신체적인 병을 겪을 때 복용해도 되고, 외상에 국소적으로 도포해도 좋다.

②

### 진짜 오래된 나무

디자인 및 문구: 올리버 우베르티

요즘 일부러 오래되고 낡은 것처럼 보이게 만든 나무로 벽을 장식하고 가구를 만드는 것이 일종의 유행이다. 이 지역의 매혹적인 숲에서 가져온 진짜 오래된 나무를 사용해, 집을 한 단계 업그레이드해 보자.

③

### 반항적인 나무

디자인 및 문구: 올리버 우베르티

나무가 순순하게 원래의 사명만 제공한다면 무슨 재미가 있을까. 활기도 없고 반항적인 이 통나무는 당신의 권위를 무시하고, 그들의 주인인 당신에게 해야 할 의무를 아주 못마땅하게 여길 것이라고 보장한다.

④

### 유니콘 트림

디자인 및 문구: 올리버 우베르티

농장에서 직접 키운 유니콘의 소화관에서 채취한, 기발한 헬륨 가스이다. 거품 막대기를 통해 용액을 불면 홀로그램처럼 보여 즐거운 여름 놀이를 할 수 있으며, 섭취하면 아주 잠깐 동안 무중력 상태를 경험할 수 있다.

### ⑤
### 정체 모를 나무
디자인 및 문구: 올리버 우베르티

〈매혹적인 나무〉 제품군 중 가장 최신 제품으로, 원래 목적이 무엇인지 모를 정도로 아주 다목적이다. 다만 알루미늄, 면, 유리 등의 형태를 취하고 있을 가능성이 있으므로 주의할 것.

### ⑥
### 코알라 격리 용기
디자인 및 문구: 올리버 우베르티

탐험을 할 때, 야생 코알라의 흉포함을 절대 과소평가하지 말자. 코알라 격리 용기는 코알라를 생포하고 그들의 흉포함을 억제하는 데 필요한 안전장치를 모두 갖추고 있다. 라벨에는 〈코알라는 보이는 것만큼 귀엽지만은 않다〉라고 쓰여 있다.

### ⑦
### 홀씨 양동이
디자인 및 문구: 올리버 우베르티

수천 개의 단세포 포자를 수용할 수 있는 보관 및 운송 용기로, 평범한 종에서부터 아주 작고 희귀한 종까지 번식시킬 수 있다. 알루미늄 양동이에는 튼튼한 손잡이와 확실한 포자 보호 기능이 포함되어 있다.

### ⑧
### 화석 칫솔
디자인 및 문구: 올리버 우베르티

특허를 받은 화석 칫솔은 고대 화석을 세심한 주의와 정확도를 기울여 발굴할 수 있도록 디자인되었다. 적당히 부드러운 칫솔모는 중요한 역사적 유물을 부드럽게 털어 낼 수 있으므로, 현대 문명에서는 발견하지 못했을 정보도 발굴할 수 있다.

워드플레이 신시

**WordPlay Cincy**

설립 연도: 2012년
디자인: 리비 헌터
면적: 1,900평방피트(53평, 176제곱미터)
주소: 4041 해밀튼 애비뉴, 오하이오 신시내티

오하이오 신시내티

어린 작가의 글을 경청하는 동안 오래된 타자기의 수리 서비스를 받을 수 있는 곳이다.

## 워드플레이<sup>*</sup> 신시에서 환기하고자 하는 효과는 무엇인가요?

우리는 이 공간에서 사람들이 누릴 수 있는 경험에 대해 많은 생각을 했습니다. 아이뿐 아니라 우리의 가족, 자원봉사자, 고객까지요. 이곳이 당연히 학교나 집에서 얻는 좋은 느낌을 내포하고 있어야 했지만, 그와 동시에 너무 비슷하면 안 된다고 판단했습니다. 글쓰기 센터는 무엇보다 호기심을 자극할 수 있는 공간이어야만 합니다. 이런 이유로 우리는 사람들을 환영하고, 여러 영감을 불러일으키고, 마음까지 진정시키기 위해 역사적으로 특이한 물건, 라운지에 알맞은 편안한 패브릭 가구, 오래된 책, 타자기 등을 의도적으로 배치했습니다.

* Wordplay, 언어유희.

**시간이 지남에 따라, 상점과 글쓰기 센터 사이의 균형을 어떻게 맞추었나요?**

이 지역의 역사, 신화, 이야기 등에 영감을 받아 〈도시 전설 연구소Urban Legend Institute〉라는 콘셉트를 붙였습니다. 처음에는 대부분의 가구와 장식품을 공동 설립자 리비 헌터Libby Hunter의 집에서 가져왔습니다. 그녀는 당시 작은 집으로 이사해 오래된 집안의 가보를 둘 곳이 필요한 참이었죠. 센터 안에서 독특한 물건이 별난 조합으로 자리를 잡아 가는 것을 본 친구들이 그 조합에 어울릴 만한 다른 독특한 물건을 기부했습니다.

그 후 이곳은 완전히 안정을 찾았고 한동안 잘 운영되었지만, 매장 관리와 프로그램 운영 사이의 균형을 유지하기가 매우 어려웠습니다. 결국은 프로그램 운영 쪽을 선택했고, 우리는 그동안 채워 온 공간을 비우기로 했습니다. 어떻게 보면, 상점을 통해서 직원의 월급을 줄 만큼의 돈도 벌지 못했다는 사실을 깨닫고 인정한 순간이었죠.

신시내티에 있는 작가와 타이피스트를 위한 성지.

이곳은 마침내 도시 전설 연구소에서 가장 잘 팔리는 물건이었던 빈티지 타자기를 판매하고 동시에 청소 및 수리 서비스에 주력하는 〈도시 전설 타자기Urban Legend Typewriters〉가 되었습니다. 한쪽 벽만으로도 상점의 역할을 충분히 잘할 수 있었고, 나머지 공간은 독서 공간의 역할을 되찾았습니다. 타자기 사업은 훌륭한 〈인간 타자기〉로 불리는 리처드 폴트Richard Polt의 후한 도움이 아니었다면 존재하지 못했을 것입니다. 가까운 곳에 있는 하비에 대학의 철학과 교수인 폴트는 도시 전설 타자기가 처음 생긴 그달부터 타자기의 부품 구매와 복구, 마케팅을 모두 담당했습니다. 우리는 기발한 창의성과 기술에 대한 열정을 가진, 그리고 학생들을 돕기 위해서 헌신적인 봉사를 하는 그에게 크나큰 신세를 지고 있습니다.

글감이 잘 떠오르지 않는 학생이 영감을 얻으려면, 가장 가까운 벽을 쳐다보기만 하면 된다.

한 어린 작가가 글을 낭독하고 있다.

이곳은 창의성을 지지해 줄 뿐만 아니라 완전히 신나는 아이디어가 떠오를 때 넘어질 위험을 막아 주는 아주 튼튼한 가구를 갖추고 있다.

기쁨, 경외감, 놀라움의 표정은 오직 한 가지 이유, 낭독하는 학생들 때문이다.

워드플레이 전시는 브루털리즘, 콘크리트, 플라스틱 등으로 이루어진 일반적인 교육 환경에 반하는, 섬세하고
화려한 내부 장식으로 꾸며져 있다.

공간의 깊이와 밝은 조명은 학생들이 자신들의 작품을 완벽하게 선보일 수 있도록 만든다.

손으로 일일이 스텐실 작업을 했다. 다시 말해, 흉내 낼 수 없는 독창적인 공간인 것이다.

학생들이 편안한 소파나 안락의자에서 독서를 하고 있다. 이 중에는 골동품도 있다.

## 이곳을 어떻게 예산 내에서 준비할 수 있었나요?

먼저 초창기 이사회의 창의적인 멤버 몇 명, 아티스트 및 디자이너, 다양한 교육 분야에서 일한 적이 있는 사람으로 구성된 아이디어 팀을 꾸렸습니다. 그리고 상점과 글쓰기 센터를 하나로 엮을 수 있는 전체적인 테마에 대해, 조금 엉성하긴 했지만 궁극적으로는 매우 좋은 결실을 맺은 브레인스토밍을 반나절 동안 진행했죠. 아직도 이 일을 어떻게 해냈는지 모르겠습니다. 심지어 첫해에 아주 적은 비용으로 예산안을 작성하면서, 그 예산안에 가구 및 장식 품목을 포함시켰는지도 기억이 안 나요.

지인들이 벽을 칠하고 선반을 달아 주겠다고 자원했습니다. 무거운 물건의 운송료는 몇몇 사람이 익명으로 그때그때 돈을 지불하는 것으로 해결했습니다. 한 자원봉사자는 커피포트와 1년 치 커피를 기부했고, 그 덕분에 이후의 과정은 모두 카페인이 충족된 상태로 진행되었습니다. 그렇게 모든 것이 유기적으로 발전해 나갔습니다. 헌터는 심지어 쓰레기장을 뒤지는 것으로 유명해졌습니다(그것도 꽤 자주요). 초창기에는 연석 옆에 버려져 있는 가구를 주워 오거나 대형 쓰레기장에서 가구를 꺼내 오기도 했습니다. 신시내티 공립 학교에 있는 지인을 통해 폐교하는 초등학교에서 얻은 물건도 몇 가지 있습니다. 발이 달린 욕조를 도서관에 가져와, 아이들이 그 욕조 안에 앉아서 책을 읽을 수 있도록 카펫 타일을 깔아 준 초등학교 사서도 큰 역할을 했습니다. 그 사서는 도서관에서 독서를 할 때마다, 부드러움과 푹신함을 느낄 수 있도록 쿠션이 있었으면 좋겠다는 생각을 했고, 그로써 쿠션으로 가득 찬 〈독서 욕조*〉가 탄생했습니다. 다른 물건은 신시내티 대학에서 매달 열리는 잉여 물품 시장에서 저렴하게 산 것이거나, 지난 몇 년간 많은 사람이 지속적으로 기부한 것입니다. 센터에 거리 쪽으로 난 커다란 창이 있는데, 사람들이 창밖에서 안을 들여다보고는 골동품 가게인 줄 알고 들어오기도 한답니다.

---

*  〈tub〉 혹은 〈tub chair〉라고 불리는 도서관 의자이며, 욕조는 영어로 〈tub〉, 〈bathtub〉라고 하므로, 이런 아이디어가 생긴 것으로 보인다.

**이런 공간을 만들고 싶어 하는 교육자에게 해줄 수 있는 조언이 있다면 무엇인가요?**

먼저 공간의 디자인 측면에서, 사람들이 공간에서 느끼게 될 기분을 생각하는 것부터 시작해 보라고 말하고 싶습니다. 이때 당신이 일하게 될 지역 공동체의 다양한 사람, 특히 당신이 센터의 프로그램을 통해 다가가려고 하는 사람들을 초대해서 대화의 장을 열기를 바랍니다.

비영리 청소년 글쓰기 센터를 시작하려면, 무일푼이 될 각오, 일과 삶의 균형에 대한 희망을 잃을 각오를 해야 합니다. 초기 단계에서 너무 잔인한 말처럼 들릴지 모르지만, 험난한 상황이 생각보다 오래 지속될 수도 있습니다. 우리의 일은 나약한 사람이 걸어갈 만한 길이 아닙니다. 긍정적인 태도와 겸손한 마음을 가져야 한다는 점을 항상 염두에 두세요. 다른 사람의 말을 듣고, 또 듣고, 조금 더 들으려고 노력해야 합니다.

비영리 단체로서 우리가 하는 일은, 미국 국세청(IRS)에서 지칭하는 것처럼 단순히 공익 재단에 속하는 것만이 아니라 전적으로 지역 공동체에 속해야 하는 일입니다. 501(c)(3)\*의 세계로 곧바로 뛰어들기보다는 기존의 비영리 단체 산하에서 당신의 아이디어를 실현할 방법을 먼저 찾아보기를 권유합니다. 이 조언이 얼마나 위선적인지 잘 알고 있지만(우리는 처음부터 독립적인 비영리 단체가 되겠다는 목표를 맹렬히 고수했으니까요), 우리는 이 방법이 정말 효과적이라는 것을 깨달았습니다. 자원을 공유하고, 재정적인 위험 및 기타 위험의 부담을 줄이고, 경험 많은 비영리 단체의 디렉터로부터 도움과 조언을 받으며 성장할 수 있다는 이점이 엄청나기 때문입니다.

---

\*  미국 국세청의 분류에 따라 교육, 사회, 자선 등을 목적으로 하는, 세금을 내지 않는 비영리 단체 및 기관 유형.

Story
FACTORY

이야기 공장
Story Factory

설립 연도: 2012년
디자인: 라바의 크리스 보스, 글루 소사이어티
면적(레드펀): 1,614평방피트(45평, 149제곱미터)
면적(파라마타): 1,130평방피트(31평, 104제곱미터)
주소: 90 조지 스트리트 오스트레일리아 뉴사우스웨일스
파라마타

오스트레일리아 파라마타

## 파라마타에 있는 이야기 공장은 어떤 곳인가요?

청소년을 위해 일반적인 규칙이 통하지 않는 공간을 만들고 싶었습니다.
종전과는 다른 장소, 일반적인 교실과는 동떨어진 세상, 아이들을 평범한
일상에서 빼내 올 수 있는 곳을 원했습니다. 이야기, 생각, 자유로운 사고를
즉각적으로 이끌어 내는 공간이 되기를 바랐습니다. 우리는 최종 설계도에
의해서 1830년대 세계 문화유산으로 등록된 시골집(이전에는 가정집, 사탕
가게, 부동산 사무실이었던 이곳에는 아직도 옛 간판이 벽에 붙어 있습니다)을
〈꿈 연구실Dream Lab〉이라고 불리는 유동적이고 연속적인 공간으로
바꾸었습니다.

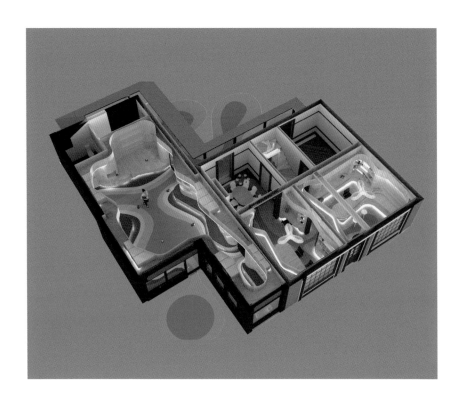

### 이야기 공장 2호점에 숨겨져 있는 디자인 콘셉트는 무엇인가요?

건축적인 콘셉트를 위해 비선형적 디자인을 적용했으며, 파란색 물방울 혹은
리본 모양에 의해 공간이 계속 이어지는 형태로 네 개의 분리된 방을
연결시켰습니다. 마치 양동이에 담긴 창의성을 공간에 들이부은 것처럼, 물의
흐름이 그 방들을 지나 길 쪽으로 흘러 나간다는 개념입니다. 공간의 연속성은
센터 안을 구불구불하게 지나가면서 의자, 선반, 가구 및 조명의 형태를
만드는, 자유롭게 흐르는 듯한 느낌의 목재 구조물로 표현되었습니다. 건축가
크리스 보스Chris Bosse는 센터 내부 디자인에는 초기 인류의 정착 시대부터
우주여행이 가능한 시대까지의 모든 공간과 시간을 아우른 이야기가 한데
엮여 있다고 설명했습니다. 공간의 차별화를 통해 창의성을 자극한다는
의미를 가진 이야기 공장 1호점(레드펀에 위치해 있습니다)의 〈화성

대사관Martian Embassy〉의 연속선상에 있다고 볼 수 있죠. 이야기 공장
2호점이 조금 더 성숙하고 덜 유치하지만요. 이곳이 어린이와 청소년들에게
똑같이 매력적인 공간이길 원했습니다. 그래서 공간의 개념화를 돕고
인테리어 디자인을 담당한 글루 소사이어티The Glue Society의 핵심 도전
과제는 7세부터 17세까지의 아이들 모두에게 흥미를 유발하는 공간을 만드는
것이었습니다. 그들의 초기 아이디어는 〈꿈을 만드는 공장이 있다면
어떨까?〉였습니다. 〈꿈 연구실〉이라는 아이디어는 상상력과 실험 정신을
융합한 결과입니다. 이는 디자이너들에게 포괄적인 마인드, 다시 말해
연령대와 문화적 배경이 다른 모두에게 매력적으로 느껴지는 세계를 만들 수
있는 마인드를 심어 주었습니다.

**〈꿈 연구실〉을 어떻게 실현할 수 있었나요?**

2012년 이야기 공장 1호점을 열었을 때, 우리는 우리가 아는 모든 창작자에게
호의를 베풀어 달라고 부탁했습니다. 브랜드 기획사 글루 소사이어티는 가장
먼저 도움을 주기로 한 곳입니다. 그들은 이전에 함께 일한 적이 있는 광고 및

영상 제작사 윌 오루어크Will O'Rourke와 보스에게도 협조를 요청했습니다.
기적적으로 모든 사람이 함께 팀을 조직해 무료로 봉사하겠다고 나섰습니다.
어린이와 자원봉사자들의 조언을 듣고서는 글루 소사이어티가 〈화성
대사관〉이라는 테마를 생각했고, 라바LAVA가 그 개념을 구현했습니다.
그들은 서로 조화를 이루어 최선을 다해 일하며, 목적을 성취하기 위해 열심히
노력했죠.

2018년 파라마타에 이야기 공장 2호점을 준비할 당시 글루
소사이어티와 라바가 다시 우리를 위해 일하기로 했다는 사실을 듣고 정말
행복했습니다. 물론 모든 팀원이 애썼지만, 그중에서도 가장 주도적인 역할을
한 사람은 보스였습니다. 바닥 전체에 물방울 모양의 디켈*을 설치할 돈이
없었을 때는 그가 비용을 지불하기도 했습니다.

---

\*   유리나 자기, 철로 된 표면에 특정 디자인을 전사하기 위한 스티커와 같은
    특수 용지.

THE
MARTIAN
EMBASSY

이야기 공장에서 만든 작품을 들고 화성 대사관에서 포즈를 취하고 있는 아이들.

## 빛나는 상상력

역사적으로 오래된 건물에 새로운 부분을 적절히 융합시키면서, 해당 지역의
건축 규제 및 문화유산 보존 관련 규정을 준수해야 했습니다. 우리가 설치한
모든 구조물은 임대 기간이 끝나면 깨끗이 제거할 수 있어야 했죠.

　　펜던트 조명은 건축가가 디자인하고 그들의 사무실에서 조립한
것입니다. 그들은 워크숍 공간의 천장 부분에 낚싯줄로 매단 LED 조명의 선을
죽 연결해, 우주 시대와 같은 미래의 분위기를 조성하는 샹들리에를
제작했습니다. 또한 흐릿한 벽시계의 경우, 호주 원주민 욜른구족의 〈시간〉
개념을 참조했습니다. 그들은 시간은 과거, 현재, 미래가 아니라 〈항상〉이라는
의미의 〈영원한 시간〉이라고 믿거든요.

## 이토록 아름다운 장소

우리는 주로 네모난 모양과 직선으로 이루어진 공간에서 생각하는 법을
배우며 자랐지만, 이곳에서는 통념을 깨고 모든 공간에 곡선을 반영하고
있습니다. 한 초등학생은 〈공간이 곡선으로 되어 있어서 너무 좋아요. 건물을
껴안을 수도 있거든요〉라고 말하고는 정말 건물을 껴안았습니다. 청소년들의
반응을 보면, 우리의 공간이 정말로 그들을 일상생활에서 벗어나게 해준다는
사실을 알 수 있습니다. 고등학생인 브로디Brody와 제이콥Jacob은 매일
이야기를 쓸 수 있도록, 센터에서 살고 싶다고 했죠. 특히 브로디는 〈이곳은
내가 가본 건물 중 가장 멋져요. 다들 아시다시피, 저는 위탁 가정에서 살고
있어서 주로 변호사를 만나거나 아동 복지 기관이나 법원에 가기 위해
파라마타에 오곤 했거든요. 그런데 지금 이렇게 아름다운 곳에 와서 기분 좋은
일을 한다는 사실이 너무 행복해요〉라고 말했습니다. 몇몇 여자 고등학생도
이 공간을 마음에 들어 했습니다. 우리가 일반적으로 생각하는 이유와는
다르게, 욕실에 있는 큰 거울 덕분에 셀카 찍기에 좋다고 말이죠.

곡선으로 된 나무 구조물은 세속적인 공간에 위치해 있으면서도 전혀 딴 세상에 있는 듯한 느낌을 준다.

직원들은 센터에서 워크숍을 여는 것을 좋아합니다. 곡선으로 된 내부 덕분에, 자원봉사자, 학생, 학부모 들이 한 공간 내에 있지만 다른 공간에서 작업을 하는 것 같거든요. 아이들은 선반에 조각품과 책이 전시되어 있어 마치 갤러리처럼 보인다는 사실에 반응합니다. 이런 요소는 아이들에게 자신들이 쓰는 글이 소중하다는 느낌을 전달합니다. 웨스턴 시드니에 있는 학교의 교사는 이곳이 너무 평온해서 집을 이곳처럼 꾸며 편안하게 책을 읽고 싶다고 했습니다. 그녀는 심지어 이곳에서 더 많은 시간을 보내기 위해 청소를 하겠다고도 했답니다.

은하계를 여행하다가 발견한 곤충 표본 모음.

골이 진 형태의 구조물은 저렴한 합판을 곡선으로 잘라 만들었다.

곡선으로 된 벽은 다양한 공간을 만들고, 사람들이 한 공간의 다른 부분에서 동시에 작업할 수 있도록 해준다.

## 실제로 만질 수 있는 영감

글루 소사이어티는 처음에 커다랗고, 디지털적이고, 상호 작용이 가능한, 그래서 아이들이 가지고 놀 수 있는 〈아트 월〉을 만들고 싶어 했습니다. 예산 때문에 실현할 수 없었지만, 그런 상황이 오히려 글루 소사이어티에 깨달음을 주었습니다. 항상 여러 종류의 디지털 화면에 노출되어 있는 학생들에게는 실제로 보고 만질 수 있는 물리적인 조형물이 더 매력적일 수 있다는 사실을 알게 된 것이죠. 글루 소사이어티는 버려진 기계로 여러 조형물을 만들었습니다. 중고품 할인점, 쓰레기통, 재활용 센터를 뒤져서 카세트 플레이어부터 오래된 휴대 전화, 헬멧, 머더보드까지 모든 것을 찾아내, 마치 미래에서 온 것 같은 예술 작품으로 변형시켰습니다. 조각가 탐 삭스Tom Sachs에게서 큰 영감을 받아 탄생한 조형물은 〈눈으로 보기만 하고 만지면 안 되는〉 것이 아닙니다. 손으로 누를 수 있는 버튼과 건드릴 수 있는 스위치가 잔뜩 달려 있어, 아이들이 탐색하며 가지고 놀도록 디자인되었죠. 삭스처럼 우리도 생명과 목적을 모두 가진 오브제를 만들고 싶었거든요. 또한 이 조형물은 상호 작용이 가능한 이야기 프롬프트*의 기능도 하기 때문에, 직원들이 글쓰기 워크숍을 진행할 때도 이용하고 있습니다.

\*     이야기나 글감, 영감을 끌어내거나 촉발하는 역할을 하는 문장과 이미지와 같은 도구를 일컫는다.

① 녹은 얼음

디자인: 글루 소사이어티    제작: 윌 오루어크

화성 극지방의 순도 높은 만년설을 액체 형태로 채취해 보존한 제품.
그래, 맞다. 사실 이 제품은 그냥 플라스틱 비커에 담긴 물이다. 하지만
뭐 그래도, 화성의 우수한 물과 〈거의〉 동일한 물을 마시고 있다는
사실만으로도 친구들에게 깊은 인상을 남길 수 있지 않을까?

② 중력(대형)

디자인: 글루 소사이어티    제작: 윌 오루어크

화성의 표면 중력은 지구의 38.3971884퍼센트 정도다. 하마에게는 좋은
소식이고 발레리나에게는 안 좋은 소식이다. 당신이 발레리나에 조금 더
가까운 유형에 해당하고 갑자기 현기증을 느낀다면, 초대형 중력 캔을 들고
발을 계속 땅에 붙이도록 해보자. 이 캔은 비어 있으니 주의할 것.

③ 보급형 화성인 망토

디자인: 글루 소사이어티    제작: 윌 오루어크

화성의 온도는 변화가 큰데, 겨울에는 약 영하 87도이고 여름에는
약 영하 5도로 뉴질랜드와 비슷하면서 약간 더 춥다. 몸을 따뜻하게
유지하고 싶다면, 차가운 기운은 내보내고 따뜻한 기운을 보존하는
특허받은 휴대용 화성인 망토를 사용해 보자. 먼지 폭풍에도 효과가
있다. 하지만 주의할 사항도 있다. 보급형 은색 담요는 우주 담요와 매우
비슷해 보이지만 실제로는 별 효과가 없다는 점이다.

④ 한 입 크기 산소

디자인: 글루 소사이어티    제작: 윌 오루어크

화성은 숨이 막힐 듯 아름다운 행성이다. 그리고 지구인에게는 말
그대로 숨이 막히는 곳이다. 대기에 미량의 산소만 존재한다(지구인에게
익숙한 20퍼센트가 아니다). 화성인이 다른 행성으로 여행할 때, 초소형
휴대용 화성 $O_2$ 제품만 있으면 활기찬 여행이 가능하다. 지구인은
이것을 〈비닐 포장재〉라고 부른다.

# 바다의 보물

자지엘Jahziel, 7세, 오스트레일리아 파라마타
— 이야기 공장에서 출간된 작품

반짝이는 하얀 구슬이 태양 아래서 색깔이 바뀌네.

내가 특별하다는 느낌을 주는 밝은 별.

쿡 아일랜드 해변의 라로통가 섬에서 수영을 한다.

그리고 나는 하얀 진주를 발견했다.

진주를 원래 있던 곳으로 되돌려 놓는다.

그 아름다움을 함께 나누려고.

선택받은 건 나였고, 그래서 부자가 된 느낌이 들었다.

설립 연도: 2005년
디자인: 겐슬러
면적: 3,200평방피트(89평, 297제곱미터)
주소: 1276 노스 밀워키 애비뉴, 일리노이 시카고

일리노이 시카고

## 826CHI의 기원은 무엇입니까?

시카고에 826 지부를 열기로 한 결정의 기반에는 에거스와 우리의 관계, 그리고 시카고의 학생들을 위한 지원이 필요하다는 사실이 있었습니다. 이 지역에 자원이 충분하지 않은 학교가 많았기 때문에, 지역 주민들에게 의미 있는 방식으로 보탬이 되고 싶었습니다. 2005년 당시에는 철저하게 교습 센터의 목적으로만 운영했지만, 점차 다른 프로그램을 포함시켰습니다. 초기에 〈지루한 가게Boring Store〉라는 이름(이곳에서 스파이 용품을 판다는 의심을 사지 않기 위해 지은 이름입니다)으로 스파이 용품점을 열었습니다. 크리스 웨어가 디자인한 공간이었죠. 그러다 2014년 원래 위치의 길 건너편으로 이사를 했고, 그때 새로운 브랜드를 만들었습니다. 우리는 어렵고 복잡한 언어가 영어 학습자와 어린이 학습자들에게 교류의 장벽이 되지 않기를 바랐습니다. 그리고 새로운 공간이 단지 물리적으로만이 아니라 언어적으로도 열린 공간이 되기를 바랐습니다. 다양한 피드백과 관찰을 토대로, 새로운 브랜드의 이름을 이렇게 정했습니다. 〈위커 파크 비밀 요원 용품점Wicker Park Secret Agent Supply Co..〉

## 물리적 공간은 어떻게 구성되어 있나요?

센터는 세기의 전환기에 석재를 판매하던 지역에 위치해 있습니다. 상점과 글쓰기 연구실 사이에는 일반적인 문과 비밀의 문이 하나씩 있습니다. 건축 회사 겐슬러Gensler는 〈스파이〉라는 주제에 알맞은, 보통 사람들의 눈에는 잘 보이지 않지만 학생들 사이에서는 비밀의 문으로 통하는 문을 만들어 주었습니다. 뒤쪽에는 센터와 지역 공동체에 대한 정보를 제공하는 공간이 있죠.

　　글쓰기 연구실에 들어오게 되면 마치 깔때기의 맨 아랫부분에 서 있는 기분이 듭니다. 이곳은 학생들이 자신들의 글을 공유하고 대중 앞에서 발표하는 것을 연습할 수 있는 활발한 소통의 공간이며, 낭독을 할 수 있는 무대와 관객이 앉을 수 있는 자리도 마련되어 있습니다. 깔때기의 넓은 부분 쪽으로 이동하면, 화이트보드가 뒤쪽 벽면 전체를 다 차지하고 있는 출판

완벽한 위장: 위커 파크 비밀 요원 용품점은 겉으로는 서점처럼 보인다. 이곳에는 글쓰기 작업실로 향하는 어린 스파이가 감쪽같이 숨을 수 있는, 거의 보이지 않는 문이 있다.

공간이 있으며 그곳은 제본기와 복사기도 갖추고 있습니다. 우리의 공간이
사명을 나타내면서 그 자체로서도 하나의 이야기가 되기를 바랐습니다.
그래서 상점의 테마가 글쓰기 연구실 전체에 표현되어 있죠. 학생들의
출판물은 모스 부호처럼 디자인된 책장에 진열되어, 영감을 주는 장치로
사용됩니다. 그리고 파리, 마라케시, 시카고를 포함하여 전 세계의 여러
지역을 자세히 그린 벽화도 있습니다. 공간은 그날그날의 프로그램과 작업에
가장 잘 맞도록 가구를 옮길 수 있는 상호 작용적인 특성을 가지고 있습니다.
그리고 아주 밝고 따뜻합니다. 겐슬러와 관련이 있는 업체에서 마치 햇빛처럼
밝은 빛을 내는 고품질 조명을 기부해 주었거든요.

어린 스파이가 지식을 쌓는 모습이 보인다.

두 명의 스파이가 서로를 전혀 알아보지 못하는 기술을 연습하는 중이다.

### 어떤 사람들이 공동 작업에 참여했나요?

겐슬러는 가장 큰 도움을 준 협업 파트너이며, 모든 것에 대한 마스터플랜을
짰습니다. 너그러운 건물주인 리 스탠스베리Lee Stansbury는 우리가 제안한
디자인의 세부 사항을 다 받아들이며 무료로 공사를 해주었습니다. 우리의
훌륭한 직원들 외에도 약 80여 명의 자원봉사자들이 도움을 주기 위해
끊임없이 이곳을 드나듭니다. 우리가 하는 일을 믿고 따라 주는 사람이 많다는
것은 굉장한 행운입니다.

**이곳을 설립하는 데 필요한 자금은 어떻게 마련했나요?**

상점을 시작하고 운영하는 데 도움이 될 수 있도록 캠페인을 벌였습니다. 25만 달러를 모으기 위해, 기부자들과 함께 1년에 걸친 자금 조달 캠페인을 시작한 것입니다. 우리의 프로그램을 후원하려는 목적으로 들어온 일반 기금도 받았습니다. 개인 기부자와 단체들이 계속해서 도움의 손길을 내밀었죠. 자금 조달 캠페인에서 조달한 기금의 절반 정도는 보조금에서 나왔습니다. 보조금은 전체 기금의 30퍼센트 정도였습니다. 일부는 이전 및 공사를 위해 사용했고 나머지는 프로그램 개발에 집중적으로 투자했습니다. 한편 가구업체를 비롯한 물품 공급업체가 할인을 해주거나 추가 물품을 지원해 주었습니다.

글쓰기 연구실 전체에 테마와 학생들의 목소리가 표현되어 있다.

마라케시나 시카고와 같은 도시에 관한 벽화가 벽 전체를 덮고 있다.

　처음부터 다 뜻대로 되지 않을 것이라는 점을 염두에 두세요. 공간에는
유연성이 있습니다. 우리도 안내 데스크를 못으로 바닥에 단단히 고정했다가,
1년 후에 다른 곳으로 옮기기로 결정했으니까요. 당신도 변하고 공간도
변화되기 마련입니다. 따라서 상황에 따른 융통성과 적응력은 아주
중요합니다.

국제적인 디자인 회사 겐슬러가 인테리어 디자인을 총괄했다. 그들이 조명이나 바닥재를 파는 여러 회사와 친분이 있었기에, 다양한 종류의 재료를 구매할 당시에 상당한 할인을 받았다. 그리하여 826CHI의 독자적이고 특별한 환경을 만드는 데 드는 비용이 절감되었다.

워트

W*ORT

설립 연도: 2014년
디자인: 워킹 체어 디자인 스튜디오
면적: 1,076평방피트(30평, 99제곱미터)
주소: 라이파이즌슈트라제 18, 오스트리아 루스테나우

**오스트리아 루스테나우**

워트는 페인트가 튄 것 같은 모양의 거울과 더불어 거의 무한한 방식으로 사용 가능한 일명 〈네 맘대로〉 가구가 특징이다.

## 워트의 이름은 어떻게 지은 것인가요?

공간의 이름은 부분적으로 디자인을 표현하고 있습니다. 워트(W*ORT)는
그저 〈단어(Word)〉라는 뜻입니다. 알파벳 〈W〉 뒤에 있는 〈*〉는 언어유희로,
특별히 중요한 부분이자 이 공간이 지닌 가능성을 나타냅니다. 〈W〉는
아이들의 질문을 상징합니다. 독일어로 〈누가? 어떻게? 무엇이? 왜?〉와 같은
질문은 모두 〈W〉로 시작하니까요. 〈ORT〉는 〈공간〉이라는 의미입니다.
말하자면, 이곳은 아이들이 묻지 못해서 안달인 모든 질문을 위한 장소입니다.
공간의 건축적 인테리어와 디자인 역시 언어유희를 기반으로 작업되었습니다.
우리의 디자이너들은 디자인은 주제를 따라가고 또 아이디어, 소망, 그리고
사고방식을 모두 아우르는 것이라고 믿습니다.

## 이야기를 위한, 모두를 따뜻이 맞이하는 공간

우리의 주목적은 어른들이 시간을 할애해서 그들이 가진 재능을 아이들과 공유할 수 있는 공간, 즉 어린 세대의 미래를 위해 함께 일할 수 있고 새로운 아이디어와 창의적인 프로젝트가 항상 개발되고 박수 받을 수 있는 공간을 만드는 것입니다. 사람들이 다들 입을 모아 이야기하고, 관심을 가지고 있고, 방문하고 싶어 하고, 기여하고 싶어 하는, 모든 아이와 어른이 만날 수 있는 매력적인 공간, 모두가 환영받는다고 느끼는 공간을 말이죠.

센터의 디자인과 프로그램을 구성할 때 아이들로부터 조언을 얻었다.

### 영감에서 실현까지, 워트의 발달 과정

이 지역의 시장인 커트 피셔Kurt Fischer는 전직 교사였으며, 언어학자이자 언어를 사랑하는 사람이기도 했습니다. 그는 에거스의 테드 강연을 듣게 되었고, 그 즉시 아이들의 언어 능력을 발달시키는 방식으로 아이들을 지원하는 일에 대한 중요성을 이해했습니다. 그리고 그 과정에서 시민들이 자발적으로 자원봉사에 참여하게 된다는 아이디어에도 아주 만족해했습니다. 그는 〈이런 센터가 우리 지역에도 있었으면 좋겠다〉 하고 생각했습니다. 그래서 자신의 생각을 사무실에 있는 두어 명의 사람과 나누었고, 비슷한 생각을 가지고 있는 사람들과 소규모 팀을 조직해 런던에 있는 〈이야기 본부〉를 방문했죠.

이야기 본부의 워크숍에서 영감을 받은 그와 그의 팀원들은 자신들의 생각을 실행에 옮겼습니다. 그들은 예술가, 선생님, 정치가, 건축가, 디자이너, 시청의 행정 부서에 있는 사람 들을 초대해, 자신들의 아이디어를 충분히 이해시키고 루스테나우에 글쓰기 센터를 여는 데 사람들이 활발하게 참여할 수 있도록 유도했습니다. 다섯 명의 핵심 팀원들은 아이디어를 더욱 발전시키고자 종종 다른 사람들을 초대하여 도움을 받기도 했습니다.
그리하여 아주 초기 단계부터, 그런 공간에 대한 아이디어를 창조하고
형성하는 대부분의 과정을 자원봉사만으로도 해나갈 수 있다고 확신했습니다.
하지만 이내 프로그램을 발전시키고 자원봉사자와 아이들을 모집하기
위해서는 관리자가 필요하다는 사실을 깨달았습니다. 물론 아이들을
초대하여 디자인이나 프로그램에 대한 의견을 직접 묻고, 그 의견을
반영하기도 했습니다. 요약하자면, 에거스에게 영감을 받은 열정적인 시장의
노력으로 열정적인 사람들이 모여 이 공간이 발전하게 된 것이죠.

이 지역의 시장이 소유했던 오래된 인쇄기가 있으며, 이것은 여전히 작동된다.

## 이곳을 예산 내에서 준비할 수 있었던 비결은 무엇인가요?

프로젝트에 투입된 핵심적인 비용은 우리의 수입과 지자체의 보조금으로
충당했습니다. 이 프로젝트는 민관 제휴로 시작되었고, 아주 적은 예산으로
실현되었습니다. 초기 프로젝트(특히 만일, 어떻게, 그리고 언제를 정하는
회의를 하던 시기였죠)는 자원봉사자들의 근무 시간으로도 진행할 수
있었습니다. 그러다가 조금 더 빠른 진전을 위해 유급 직원들을 채용했습니다.
지방 정부는 우리에게 무료로 공간을 임대해 주었습니다. 지방 정부가
차고, 와인 바, 선물 가게, 이렇게 세 곳으로 사용되다가 폐점한 자수점 자리를
찾아, 그곳의 주인으로부터 임대한 공간이었죠. 그리고 수도, 전기 등
기본적인 시설을 설치해 준 뒤 빈 캔버스와 같은 공간으로 만들어 주었습니다.
우리는 초기 단계부터 지원을 받은 셈입니다. 그리고 워킹 체어 디자인
스튜디오Walking Chair Design Studio의 디자이너 피델 푸조Fidel Peugeot와
칼 에밀로 퍼처Karl Emilo Pircher가 천장에 조명이 달린 거울과 익살스러운
테이블, 의자(그들이 수작업으로 만들어 무료로 임대해 준 물건입니다)를
설치해 주었습니다.

## 내부의 디자인은 어떤가요?

천장이 낮고 창의 위치는 아이들의 눈높이와 맞습니다. 일부러 계획한 바가 아니라 오래된 건물을 빌린 덕분에 얻은 부수적인 효과입니다. 워트는 아날로그적인 장소입니다. 연필과 종이, 타자기, 피셔가 보유하고 있던 오래된 인쇄기를 사용해 작업이 이루어지거든요. 이는 글쓰기 센터와 지역 공동체 사이에 흥미로운 분위기를 더합니다.

디자이너들은 우리의 정체성을 표현하고자 고유의 폰트를 만들었을 뿐만 아니라, 인쇄용 목판도 만들어 아이들이 경험 많은 인쇄업자의 지도에 따라 오래된 인쇄기를 사용할 수 있도록 했습니다. 또 인쇄기 주변에 특별한 구조물을 설계해서, 인쇄기를 사용하지 않는 동안에 그 인쇄기가 보호되고 숨겨질 수 있도록 했죠. 이 특별한 구조물은 앉는 용도 혹은 기어오를 수 있는 용도로 사용되거나, 플레이하우스로도 사용됩니다. 아이들은 평소에 의자로 쓰이는 정육면체 상자를 구조물 위에 쌓아 올려, 거의 매일 요새, 성, 혹은 다른 숨을 만한 공간을 만들면서 놀 수 있습니다.

워크숍에서 지도 만드는 과정을 직접 경험하고 있는 학생들.

인쇄기가 사용되지 않을 때, 아이들이 기어오를 수 있는 구조물이자, 의자, 플레이하우스, 숨을 만한 공간을 이 뒤쪽에서 찾을 수 있다.

이곳에서 〈네 맘대로〉라는 것은 모든 연령의 사람이 원하는 방식대로 사용할 수 있는 가구의 특징을 의미합니다. 센터 경영자의 책상이 되기도 하고, 커피 테이블이 되기도 하며, 기어오를 수 있는 구조물도 되는 다용도 가구이죠. 이 가구는 테이블 옆에 앉거나 설 수 있는 자리를 제공하거나, 또 흥미로운 구멍이나 숨을 만한 공간으로 변하기도 합니다. 건물주는 오래된 1인용 소파 두 개와 전화기를 기부해 주었습니다. 이 아이템들은 이미 어느 정도 자리가 잡힌 디자인 콘셉트를 한층 더 완성시켰으며, 깨끗한 하얀색, 검은색, 빨간색으로 이루어진 디자인에 색다른 매력을 부여했습니다. 우리의 분위기와 어울리는 빨간색 전동 타자기도 있지만, 아이들은 방문객들이 기부한 수동 타자기를 더 좋아합니다.

디자이너와 아이들이 워크숍을 진행했을 때, 센터의 정체성의 바탕이 된 진짜 영감을 얻었습니다. 바로 그날 아이들이 만든 물감 얼룩 모양으로부터 말이죠. 우리는 센터의 천장에 마치 물감이 튄 것 같은 모양의 거울을 설치했으며, 센터의 로고 역시 이를 바탕으로 만들었습니다. 826 센터들에서 영감을 받은 다른 단체들과 반대로, 우리는 우리의 프로그램을 반영하는 가상의 이야기를 짓기 전에 인테리어와 조직을 먼저 발달시켰습니다. 요즘은 비밀 실험실의 폭발로 세상에 노출된 신비한 공간인 위트에 대한 배경 이야기를 구성하고 있답니다.

설립 연도: 2019년
디자인: 스콧 실리
면적: 5,000평방피트(140평, 464제곱미터)
주소: 519 사우스 6번가 세인트 100, 네바다 라스베이거스

네바다 라스베이거스

〈작가의 공간〉은 인조 새 보호 구역이기도 하다. 그러므로 한가운데에 전 세계의 대형 인조 새를 위한 대형 새장이 있는 것도 무리는 아니다.

## 작가의 공간은 어떤 곳인가요?

826의 지부는 아니지만 826과 거의 동일하게, 학생들을 위한 무료 프로그램을 진행하고 있습니다. 이곳은 라스베이거스 내 유일한 독립 서점이자 인조 새 보호 구역이죠. 우리는 교실 공간을 〈코덱스〉라고 부르며, 매장은 코덱스의 프로그램 운영을 지원합니다.

826NYC를 공동으로 설립하고 여러 곳의 826 상점에서 일한 경험이 있는 실리는 826 지부와 유사한 사업을 시작할 계획으로, 라스베이거스로 이주했습니다. 처음에는 염두에 둔 특별한 테마가 없었습니다. 다만 그는 〈작가의 공간〉이라는 주제가 제품, 포스터, 안내문 등을 만들 때 유연성을 부여하기를 바랐습니다. 제품에 고유의 테마가 없는 맥스위니의 상점처럼 말이죠. 작가의 공간이라는 개념은 그때그때 자연스럽게 떠오른 아이디어를 융통성 있게 포괄한 유기적인 주제입니다.

디자인 과정은 대부분 직관적으로 진행되었습니다. 워크숍 분위기를 자아내는 공간의 특성 때문에, 지금도 공간을 지속적으로 변화시키거나 디자인을 추가할 수 있습니다. 이곳은 항상 변화하는 유동적인 공간이며, 이것이 본래의 목표이기도 합니다.

센터의 주제를 정할 때, 가장 강력한 후보 중 하나가 바로 〈새〉였습니다. 우리는 우리의 센터를 〈인조 새 보호 구역〉이라고 부르며, 노출된 서까래에 수많은 종의, 수백 마리의 인조 새를 수용하고 있습니다. 후원자들은 인조 새를 합리적인 비용으로 입양할 수 있죠. 각각의 새는 세상에 단 한 마리뿐이며, 모두 이름과 좋아하는 것, 싫어하는 것, 그리고 지나온 역사를 설명하는 〈새 이력서〉를 가지고 있습니다.

이곳은 라스베이거스 시내에 있는 신축 건물의 한 부분을 차지한다.

## 디자인은 어디에서 영감을 받았나요?

실리가 오랫동안 작업장으로 썼던 코네티컷 중부의 한 헛간에서 인테리어
디자인에 대한 영감을 받았습니다. 미드 센추리 모던(지금 라스베이거스
전역에서 유행하는 양식)이나 건축가 미스 반 데어 로에Mies Van der Rohe,
아티스트 겸 디자이너 메리 블레어Mary Blair의 인더스트리얼 스타일과
결합한 분위기입니다. 그다음 아주 많은 인공 식물(나무, 꽃, 식물)을 이용하여
외부를 내부로 들였습니다. 찰스 임스Charles Eames, 레이 임스Ray Eames*,
그리고 그들의 스튜디오와 특히 그들이 제작한 짧은 영상으로부터 상당한

*    찰스 임스는 미국의 건축가, 가구 및 산업 디자이너, 사진 예술가이다. 레이
     임스는 그의 부인이자 동업자로 가구, 그래픽, 텍스타일 디자이너이다.

타일로 된 숲은 새와 관련된 주제를 계속 이어 나간다.

영향을 받았습니다. 아이빈드 얼Eyvind Earle*에게 크나큰 영감을 받았다는
사실을 보여 주는 벽화도 있습니다. 찰리 하퍼Charley Harper**의 작품도
참조했고요. 전체적인 톤은 오래된 『리더스 다이제스트Reader's Digest』나
잡지 『라이프 월드 라이브러리Life World Library』의 분위기가 주를 이룹니다.

826NYC와 일했던 작가 크리스 몰나Chris Molnar는 첫 번째 〈작가의
공간〉***을 디자인하는 데 도움을 주기 위해 라스베이거스로 이주했습니다.
몰나와 실리는 안내문, 상품의 라벨, 곧 출간할 문학잡지의 상당 부분을 썼고
또 계속 쓰고 있습니다. 그들은 상품의 설명서를 되도록 담담하게 썼는데,

* 미국의 아티스트, 작가, 일러스트레이터이다. 디즈니 만화의 배경           ** 신시내티 출신의 미국 모더니스트 아티스트.
  일러스트레이션과 스타일링을 맡았던 것으로 유명하다.                      *** 〈작가의 공간〉은 2014년 라스베이거스의 프레몬트 지역에 먼저 개점했었다.

그런 어투 자체가 독자들에게 재미를 주었습니다. 마치 1950년대와 1970년대 초기의 교육 영상에서 나오는 어투와 비슷하달까요.

　　작가의 공간은 노출된 나무, 시멘트, 금속과 같은 재료로 이루어져, 아주 거친 산업 현장 같기도 합니다. 이 디자인은 더 저렴하면서도 내구성이 있는 데다 약간 지저분한 상태일 때도 보기가 좋기 때문에, 일부러 의도한 것이죠. 재료를 원래의 목적대로 순수하게 사용하는 것이 원래의 목적과 다르게 보이도록 사용하는 것보다 훨씬 좋은 결과를 낳는다고 생각합니다.

서점 안에는 새로운 이야기를 만날 수 있는 아늑하고 포근한 공간이 많다.

작가의 공간에는 도서를 잘 갖추고 있는 서점이 있다.

## 어떤 사람들이 만들었나요?

실리는 작가의 공간의 시각적인 부분은 물론 사람들이 소위 말하는 테마나 콘셉트에 관한 모든 것에 관여했습니다. 그의 남편 드루 코헨Drew Cohen은 서점의 책 구매 담당자로서, 그와 관련된 모든 일상적인 업무를 처리합니다. 몰나는 이제 뉴욕으로 돌아갔지만, 여전히 창의적인 협업 파트너이자 아이디어 반응에 대한 테스트 일원으로서 전체적인 분위기를 조성하는 데 핵심적인 역할을 합니다. 프로그램 개발 팀에는 워크숍을 통해 학생들을 가르치거나 현장 학습 또는 학교 내 수업에 도움을 주는 아주 훌륭한 직원과 자원봉사자들이 있죠. 더불어 라스베이거스 대학의 작문 프로그램과 문학잡지 『더 빌리버The Believer』를 출간하는 글쓰기 협력 프로그램인 블랙 마운틴 협회와도 긴밀한 관계를 유지하고 있답니다.

# 스쿠올라 홀덴의
# 프론테 델 보르고

Scuola Holden's Fronte del Borgo

설립 연도: 2012년
디자인: 마르티나 베르타지니, 파 웨이스트 스튜디오
면적: 710평방피트(19평, 65제곱미터)
주소: 49 피아자 보르고 도라, 이탈리아 토리노

## 이탈리아 토리노

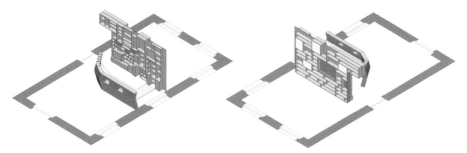

중앙에 있는 벽 한쪽에는 오래된 옛날 상품을, 반대쪽에는 여러 가지 실용적인 기구를 두는 선반이 있다.

## 스쿠올라 홀덴의 프론테 델 보르고를 만든 의도는 무엇인가요?

이탈리아 북부 토리노에 위치한 스토리텔링 및 창의적 글쓰기 학교, 스쿠올라 홀덴*은 1994년 이래로 특별한 사명에 계속 전념해 왔습니다. 그 사명은 글을 읽고 쓰는 일이 얼마나 멋진 일인지 사람들이 깨닫도록 도와주는 것입니다. 하지만 2016년 6월까지는 이 고무적인 일의 대상에 아이들은 포함되지 않았습니다. 하지만 우리는 우리가 어렸을 때 꿈꾸었던 공간에서 아이들이 경이로움, 매혹, 호기심을 느끼는 경험을 하기를 바랐습니다. 일부는 도서관이고, 일부는 교실이고, 또 다른 일부는 독서하기에 딱 좋은 아늑한 공간으로 이루어진, 믿을 수 있고 안전한 문화 센터 같은 곳에서 말이죠.

    또 우리는 이웃과의 교류의 장이 될 만한 멋지고 다채로운 공간을 만들고 싶었습니다. 그래서 프론테 델 보르고는 와이파이를 비롯해 편안한 안락의자, 우편함 서비스, 커피 등을 제공하는(그것도 무료로), 모든 사람이 이용할 수 있는 만남의 장소가 되었습니다. 그 이후에는 그 이상을 제공하는 장소가 되었죠. 프론테 델 보르고를 전면적으로 재개편하는 프로젝트를 구상하고 다양한 교육 프로그램을 구축한 메렌데 셀바페Merende Selvagge와 도미틸라 피로Domitilla Pirro, 프란체스코 갈로Francesco Gallo의 노력으로, 프론테 델 보르고는 학생들이 이야기의 경이로움을 발견할 수 있는 곳으로 자리 잡았습니다. 이곳은 아이들이 자신들의 이야기를 전할 수 있는 공간이자, 환상적인 허구의 세계와 밀접하게 연결된 사물과 상호 작용하며 마음껏 공상할 수 있는 공간입니다.

*     홀덴 학교는 1994년에 설립되어 스토리텔링 교육에 전념하고 있다.

프론테 델 보르고로 들어가는 포르티코* 형태의 입구는 방문객에게 즐거움을 준다.

## 아이디어는 어디에서 얻었나요?

826 발렌시아의 해적 상점을 모방했습니다. 다만 우리는 한 가지 소설만 고려하지 않았습니다. 오히려 「피터 팬*Peter Pan*」에서부터 「캐러비안의 해적*Pirates of the Caribbean*」까지 많은 작품을 참조했습니다. 건축가 마르티나 베르타지니Martina Bertazzini, 조르지오 세스트Giorgio Ceste, 로베르토 바벨로Roberto Varvello, 다비드 카라파Davide Carafa로 이루어진 창의적인 디자인 회사 파 웨이스트 스튜디오Far Waste Studio에 이 작품들을 시각화하고, 더 나아가 사서들을 만족시킬 만한 〈호기심 캐비닛〉과 같은 요소를 혼합해 달라고 부탁했습니다. 그 결과 멋진 빌트인 책장이 있는 〈갈레온 범선〉이 탄생했으며, 금상첨화로 공중에 떠 있는 고래까지 추가하게 되었습니다.

* 대형 건물 입구에 기둥을 받쳐 만든 현관 지붕.

**이곳을 어떻게 예산 내에서 준비할 수 있었나요?**

우리가 얻은 가장 큰 뜻밖의 횡재는 스쿠올라 홀덴의 후원으로 이 세계에
들어오게 되었다는 것입니다. 그 덕분에 학생들에게 매년, 수백 종류의 수업을
무료로 제공할 수 있습니다. 우리를 후원하고 있는 BMW는 우리의
프로젝트를 좋아하고 지지한 첫 번째 외부 후원자이기도 합니다. 또한
아이들을 가르치고 여름 방학 프로그램을 진행하는 데 시간을 기부하는
자원봉사자, 스쿠올라 홀덴의 동문, 재학생 들로 이루어진 거대한 네트워크도
있죠. 그들은 때때로 특별한 목적 없이 방문해, 그들이 성취했던 업적이나
참여했던 전시회, 자랑스럽게 생각했던 프로젝트나 최근 읽었던 책 등에 대해
아이들과 함께 이야기를 나누곤 합니다. 그들의 도움으로 인해 우리가
제공하는 거의 모든 프로그램은 무료로 운영됩니다.

보물과 갈레온 범선은 물론 셀 수 없이 많은 책도 있다.

···아, 공중에 떠 있는 고래도 있다.

## 국제 청소년 글쓰기 센터 연맹에 어떻게 참여하게 되었나요?

솔직히 말해, 2018년에 열렸던 〈워드 업! 암스테르담*〉에 참석하게 된 일은
우연이었습니다. 그것을 계기로 공식적으로 국제 청소년 글쓰기 센터 연맹에
가입하게 되었죠. 우리에게 키다리 아저씨가 되어 준 사람은 프랑스 파리에
위치한 라보 데 히스투아레**의 찰스 오드만Charles Autheman입니다. 약
2년 전쯤 스쿠올라 홀덴에 방문한 오드만은 우리의 사무실에 들어오게
되었습니다. 그리고는 우리와 사스키아 노드헤스Saskia Noordhuis, 네덜란드
노르체이***에서 일하는 메렐 닙Merel Nip을 연결해 주었습니다. 그리고
역사가 만들어진 것이죠. 조언을 해달라고요? 무조건 시작하시길 바랍니다.
사람들과의 네트워크를 만들어야 합니다. 하지만 오드만과 같은 프랑스인
데우스 엑스 마키나****의 우연한 방문은 기대하지 마세요. 그런 일은 좀처럼
일어나지 않거든요.

*    Word Up! Amsterdam. 시 낭독과 이와 관련된 음악 및 공연을 통해 자신을
     표현할 수 있도록 격려하고 영감을 주는 조직이자 운동.
**   Labo Des Histoires. 25세까지의 청소년에게 무료 글쓰기 강좌를 제공하는
     비영리 단체.
***  암스테르담에 있는 어린이 박물관.
**** Dei ex machina. 소설이나 허구에서 가망 없어 보이는 사건에 도움을
     주기 위해 동원되는 힘이나 사건.

노르체이

Noordje

설립 연도: 2007년

디자인: 마리스카 멜, 니엔케 브롱크, 파올라 파에즈, 옐레 포스트, 사스키아 노드헤스

면적: 1,722평방피트(48평, 160제곱미터)

주소: 자멘하프스트라트 14B, 네덜란드 암스테르담

네덜란드 암스테르담

## 노르체이의 〈Z 상점Z Store〉과 글쓰기 센터를 어떻게 하나의 공간에 만들었나요?

노르체이는 Z 상점이 생기기 전까지 완전하지 않았습니다. 글쓰기 센터를 열고 난 2년 후에야 마침내 완전한 공간이 되었죠. 어린이와 방문객들은 Z 상점에서 확대경, 쌍안경, 비밀 수첩 등 비밀 요원이나 슈퍼히어로에게 필요한 물품을 구경할 수 있습니다. 방문객들은 이 제품을 구매함으로써 노르체이의 활동을 지원할 수 있죠. 이곳은 어린이와 청소년들의 상상력을 자극하며, 그들이 색다른 방식으로 글을 쓰고 창의적인 생각을 마음껏 펼칠 수 있도록 영감을 줍니다.

〈Z 소방서〉라고 불리는 옛날 소방서 자리에 위치한 노르체이는 비밀 요원과 슈퍼히어로를 위한 용품을 파는 카제르네 Z에 건물의 역사를 접목했다.

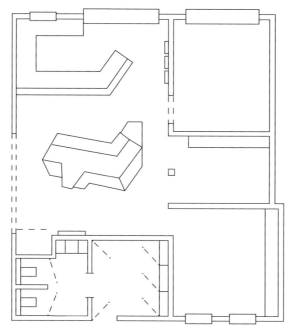

Z 상점의 세부적인 디자인 요소는 천장까지 이어진다.

### 노르체이의 비하인드 스토리는 어떻게 만들어졌나요?

Z 상점이 자리하고 있는 건물 자체의 역사와 우리가 그 주변을 토대로 지어낸 이야기에서 영감을 얻었습니다. 100년 전에는 이 건물에 Z 소방서라고 불리는 소방서가 있었습니다. 우리가 이곳을 〈카제르네 Z＊〉로 부르는 이유죠. 우리가 지어낸 이야기는 소방서가 문을 닫고 몇 년이 지난 뒤에, 원로(元老) 〈Z(노르체이의 터줏대감이자 소방수입니다)〉가 가지고 있던 예술 작품과 수집품이 사라졌다는 내용입니다. 수집품을 보관했던 다락방이 비어 있는 것을 발견한 우리는 새로운 미션을 전달하기 위해 이웃의 아이들을 모았습니다. 사라진 수집품의 미스터리를 풀고 새로운 이야기를 쓰고 새로운 예술 작품을 만들어, 노르체이를 다시 채우자는 것이었죠. 그 순간부터 노르체이의 글쓰기 센터를 방문하는 모든 아이는 비밀 요원 Z가 된답니다.

＊ 〈Z 소방서〉를 네덜란드어로 말한 것이다.

스파이 활동 계획을 짜거나 세계를 구하기에, 혹은 둘 다 하기에 완벽한 공간.

이 그림에서 숨어 있는 〈Z〉를 찾을 수 있을까?

위장 중인 스파이, 아니면 슈퍼히어로의 또 다른 자아일까? 아니면 휴식을 취하고 있는 소방수일까? 아마 절대 모를 것이다.

소방수를 테마로 한 발랄한 벽화가 이 공간의 역사를 암시한다.

스파이와 슈퍼히어로 모두에게 필수품인 검은색 선글라스.

노르체이는 원로 Z를 소재로 한 배경 이야기로 가득하고, 이곳에 오는 학생들은 미스터리를 푸는 작업에 참여하게 된다.

성명서를 작성하고 있거나 혹은 암호를 해독하고 있을지도 모를, 어린 작가의 모습.

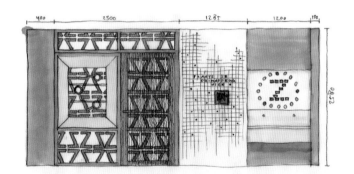

노르체이 입구의 스케치.

다양한 실마리와 증표를 샅샅이 살피는 선생님과 학생들의 모습.

## 어떤 사람들이 만들었나요?

우리는 Z 상점을 만들기 위해서 다양한 기관 및 개인과 협업했습니다. 기본적인 공사의 경우, 건축가 파올라 파에즈Paola Paez가 작업 공간에 대신 들어갈 상점의 인테리어 디자인을 담당했습니다. 이외에도 그는 브레이트너 아카데미 학생들이 Z 상점의 가구와 상품을 만드는 것까지 지도해 주었죠. 인테리어 디자이너이자 자원봉사자인 마리스카 멜Mariska Mell은 Z 상점의 의미와 콘셉트를 상품과 가구 배치로 확장시켰습니다. 멜, 그래픽 디자이너 옐레 포스트Jelle Post, 인테리어 디자이너 니엔케 브롱크Nienke Bronk 역시 노르체이의 자원봉사자로서, 주로 센터의 외관 작업을 맡았습니다. 그들은 노르체이의 디렉터 노드헤스가 Z 상점의 개념을 해석하고 실현시키는 데 상당한 보탬이 되었습니다.

초기에는 많은 사람이 상점의 콘셉트를 이해하지 못했고, 애초에 상점의 필요성을 납득하지도 못했습니다. 하지만 우리는 그런 기틀을 견고히 다지려고 아주 많은 노력을 기울였고, 이제 상점과 글쓰기 센터는 불가분의 관계가 되었답니다.

안내문에는 〈노르체이 여기 왔다 감〉이라고 쓰여 있다.

글쓰기 센터를 방문하는 모든 어린이는 비밀 요원이 되고, 그들의 임무는 글쓰기이다.

## Z 상점을 위한 자금은 어떻게 마련했나요?

예산과 시간은 항상 싸워야 하는 도전 과제입니다. 다행히 우리는 지자체와 스티치팅 도엔*으로부터 일부 지원을 받았습니다. 또한 네덜란드의 출판사 대표 레보우스키Lebowski를 비롯해, 암스테르담에서 실시한 사인회에서 자신의 그림을 판매해 얻은 수익금을 기부한 에거스의 후원도 받았습니다.

\*　Stichting DOEN. 지속 가능한 문화적·사회적 혁신을 계획하는 단체를
　지원하는 네덜란드 재단.

826
DC

설립 연도: 2010년
디자인: 스토이버 앤 어소시에이츠
면적: 2,900평방피트(81평, 269제곱미터)
주소: 3333 14번 스트리트 NW M120, 워싱턴 디시

826DC

워싱턴 디시

**826DC와 〈티볼리의 신기한 마술 용품점Tivoli's Astounding Magic Supply Co.〉을 만들 때, 목표는 무엇이었습니까?**

호기심, 궁금증, 총명함이 모두 결합된, 그리고 방문객들을 다른 세계로 데려다주고 모든 연령대의 사람에게 상상력을 불러일으킬 수 있는 마법 같은 공간을 만들고 싶었습니다. 사람들은 상점 안에서 몰입한 채로 826의 브랜드를 경험합니다. 또 이전의 상점이었던 〈부(不)자연사 박물관Museum of Unnatural History〉과는 달리, 티볼리의 신기한 마술 용품점은 일반 사람들이 826DC에 대해 알게 되고 참여할 수 있도록, 사람들을 소외시키기보다는 환영해 주는 공간으로 만들고 싶었습니다. 이곳은 그런 소망에 알맞은 완벽한 매장입니다.

티볼리의 신기한 마술 용품점 내에 있는 826DC에서 마술을 부릴 준비를 마친 두 꼬마.

826DC는 1924년에 세워진 옛 극장 〈티볼리〉 안에 있다.　　　새싹 마술사를 위한 도구를 공급한다.

## 디자인은 어디에서 영감을 받았나요?

우리는 부자연사 박물관에서 많은 영감을 얻었습니다. 다양한 마술 쇼를
보기도 하고 이 지역에 있는 마술사 커뮤니티와도 대화했습니다. 주요 상품
제작에 필요한 요소들(색상 구성, 폰트 등)을 개발하기 위해서 디자이너들과
협업했으며, 그중 몇 가지는 웨스 앤더슨Wes Anderson의 영화에 담긴 유머에
옛날 극장에 붙어 있던 마술 공연 포스터와 같은 고전적인 분위기를 더한
것입니다. 이곳의 주제는 해리 포터보다는 해리 후디니Harry Houdini*에
훨씬 더 가깝고, 그래서 〈무대·대극장 마술〉과 〈마법〉의 차이를 확실히 보여
주고자 했습니다. 또 옛날 서커스 포스터, 더그 헤닝Doug Henning**의
엉뚱함, 1924년에 지어진 이탈리아 르네상스 부흥 건축 양식인 극장 건물
자체도 영감의 원천이 되었죠.

* 　유명한 탈출 곡예사.
** 캐나다인 마술사.

문에는 〈당신의 상품 구매로 인한 수익금은 디시의 청소년들을
위한 무료 글쓰기 프로그램에 쓰입니다. 우리가 이 구역을 조금
더 멋진 곳으로 만드는 데 힘을 보태 주세요〉라고 쓰여 있다.

학생들이 직접 자신들의 작품을 출판할 수 있는 〈위대한 책 제본 스튜디오〉가 미술 용품점의 뒤쪽에 자리하고 있다.

## 어떤 사람들이 만들었나요?

부자연사 박물관의 설립 초기에 참여했던 자원봉사자들과 그 이후에 지역
예술가들과 협업했던 자원봉사자들을 모아, 하나의 팀을 만들었습니다.
처음에 계획을 세우기 위해서 매주 가진 회의는 결국 실제 운영 회의로
발전했으며, 우리는 이메일을 통해 계속 연락을 취했습니다. 우리 팀은 상품을
만들고 싶어 하는 예술가, 재미있는 작가, 열성적인 후원자 들로 이루어져
있었습니다. 만일 그들이 직접 회의에 참석할 수 없을 때는 아는 사람들을
소개해 주며 네트워크를 확장시켰습니다. 뿐만 아니라, 특정 프로젝트(목공,
소규모 건설 작업, 벽화 등)에 필요한 기술을 가진 사람들을 연결시켜 주는 등
많은 도움을 제공했습니다.

**이곳을 예산 내에서 준비할 수 있었던 비결은 무엇인가요?**

우리는 공간에 필요한 물품을 갖추기 위해서 매일 크레이그리스트*를
훑어보며 선반이나 여행 가방을 찾아다녔습니다. 때로는 기존 상점에 남아
있는 것을 재활용하거나, 자원봉사자들로부터 쉽게 얻을 수 있을 것이라고
생각되는 가정용품(예를 들면, 트럼프 카드)이라면 기부를 요청했습니다.
사람들은 그런 사소한 방식을 통해 이곳의 성공에 기여할 수 있다는 사실에
기뻐했죠.

*     Craigslist. 온라인 벼룩시장과 유사한 미국의 지역 생활 정보 사이트.

**이곳을 만드는 과정에서 배운 것은 무엇인가요?**

시간이 지남에 따라, 우리가 아주 매력적인 브랜딩과 상상력의 마법을 필요로 하는 콘셉트를 팔고 있다는 것을 정말 절실히 깨달았습니다. 사실 첫 번째 상점인 부자연사 박물관을 운영할 때는 그 개념이 너무 모호했습니다. 사람들이 〈잠깐만, 여기 진짜 박물관이 아니에요? 이거 다 파는 물건이에요?〉라고 묻곤 했거든요. 물론 사람들의 궁금증을 자아내는 데는 성공했지만, 두 번째 상점은 조금 더 확실하고 간단한 개념을 구축하기로 했습니다.

**하나의 일화**

당시 프로그램 관리자인 마이크 스칼리스Mike Scalise가 이른 아침에 에어컨을 수리하러 오기로 한 기술자를 부자연사 박물관에서 만나기로 했는데, 아주 재미있는 일이 벌어졌습니다. 그 기술자는 스칼리스에게 전화를 걸어서 이렇게 말했습니다. 〈저 도착했는데, 어디 계세요?〉 알고 보니, 그는 내셔널 몰*에 있는 실제 자연사 박물관으로 갔더군요.

*  워싱턴 디시의 중심부에 있는 국립 공원.

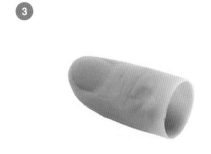

### ① 무대 공포증 해소제
디자인 및 문구: 826DC

새로 출시된 공연 촉진제는 당신의 마술 공연의 수준을 한 단계 업그레이드해 준다. 청중을 산만하게 만들기 위한 보조제로 사용해도 좋고, 공연자의 쇼맨십이 더 필요할 때 복용해도 좋다. 간식으로 즐겨 먹으면 입이 딱 벌어지는 경우가 발생할 수 있으니 주의할 것.

### ③ 가짜 엄지
제조: 미셸 앤 그레코 마법용 소도구

탈부착이 가능한 진짜 같은 가짜 엄지는 손가락을 절단하는 속임수가 필요한 상황에서 그럴듯한 착각을 불러일으킨다. 무대 실전 테스트를 거친 엄지로 완벽하고도 안전한 손가락 절단 묘기를 선보여 청중에게 충격을 선사하자. 가짜 혈액과 함께 사용하면 정말로 손가락이 잘리는 듯한 명연기를 펼칠 수 있다.

### ② 티볼리의 저글링 공
디자인 및 문구: 826DC

마술사라면 관객의 주의를 산만하게 만드는 것이 속임수의 열쇠임을 알 것이다. 색감이 화려한 공은 교묘한 손놀림을 눈치채지 못하도록 관객의 주의를 완벽하게 딴 데로 돌리게 만들 수 있다. 다른 속임수가 안 통했을 때 사용 가능한, 꽤 재미있는 차선책이다.

### ④ 흰 장갑
디자인 및 문구: 826DC

성공적인 무대를 원하는 모든 마술사의 필수품이다. 토끼털처럼 하얗고 매끄러운 전문가용 장갑으로 마술 지팡이를 깨끗하게 관리해 보자. 착용이 편한 폴리-면 혼방으로 제조되었다.

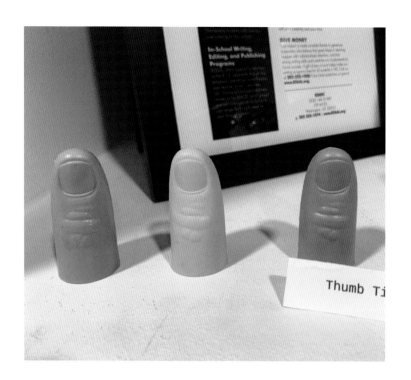

Thumb Ti

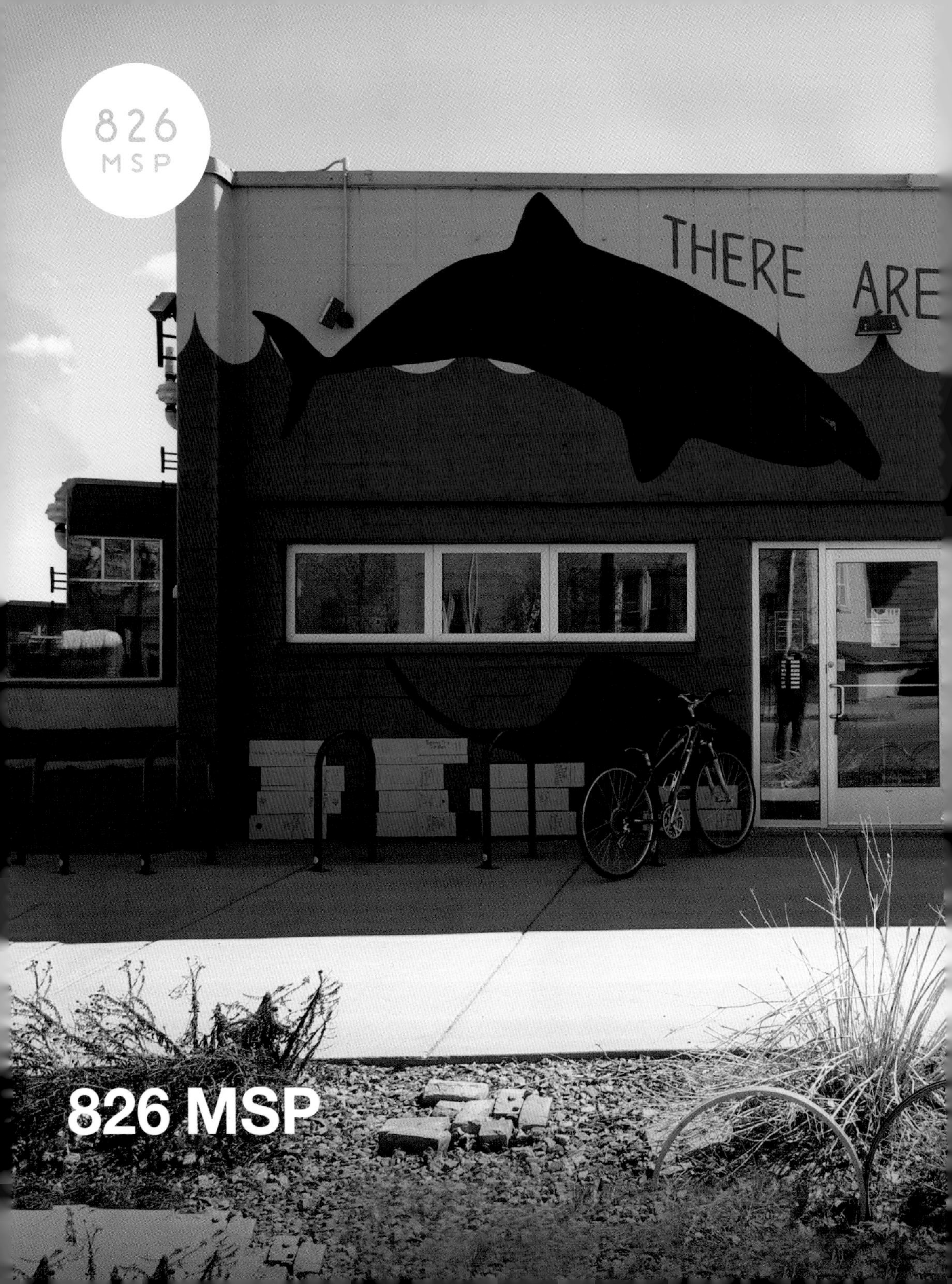


# 826 MSP

설립 연도: 2009년
디자인: 겐슬러
면적: 2,200평방피트(61평, 204제곱미터)
주소: 1915 동루 22번 스트리트 미네소타 미니애폴리스

미네소타 미니애폴리스

중부 대륙 해양학 협회는 북부 미드웨스트 지역* 의 해양학자를 위한 물품을 갖추고 있다.

## 826 MSP는 어떤 곳인가요?

이곳은 저소득 가정이 밀집한 지역의 번화한 거리에 있는 복합 단지 내에
위치해 있으며, 다른 업체들과 건물을 공유합니다. 센터는 작은 사무실, 〈중부
대륙 해양학 협회 상점Mid-Continent Oceanographic Institute〉, 글쓰기
연구실, 이렇게 세 부분으로 구성되어 있습니다. 학생들의 출판물 외에 바다를
주제로 한 의류도 판매하고 있죠. 한편 글쓰기 연구실은 다양한 프로그램을
제공합니다. 스토리텔링과 책 제작에 중점을 둔 현장 학습, 방과 후 문학 수업,
창의적 작문 활동, 모든 종류의 주제를 다루는 저녁 워크숍을 진행하고
있습니다.

* 미네소타, 위스콘신, 미시간 등의 지역을 일컫는다.

**이곳에 방문하는 학생들을 참여시키기 위해서 공간을 어떻게 디자인했나요?**

공간을 최대한 매력적이고 흥미롭게 만들고 싶었습니다. 그러한 이유로 이곳에는 학생들이 앉아서 숙제를 할 수 있는 큰 바다거북 모양의 카펫이 있습니다. 교습 공간과 상점 사이에 작은 문은 학생들만 사용할 수 있죠. 바다 생물과 책(826에서 출간된 학생들의 작품)을 그린 그림, 그리고 여러 언어로 〈옛날 옛적에〉라고 쓰여 있는 야외 벽화도 있습니다. 그것은 학생들에게도 재미있는 요소이지만, 동네 사람들도 〈오, 여기 우리나라 말이 있네요〉라며 흥미를 보이곤 합니다. 그들은 그런 식으로 센터와 더 가까워질 수 있습니다. 포용성은 정말 중요합니다. 그렇기 때문에 이곳에 방문하는 무슬림 학생과 학부모들을 위해, 기도 공간이 있는 작고 조용한 방도 마련해 놓았습니다.

학생들이 올라가 앉거나, 그 위에서 숙제를 할 수 있는 바다거북 모양의 카펫이 깔려 있다.

**이곳을 예산 내에서 만들 수 있었던 비결은 무엇인가요?**

내부 공사는 현지 시공업체가 도와주었습니다. 건축 회사 겐슬러는 디자인
과정은 물론 우리의 꿈을 현실로 만드는 데 매우 중요한 역할을 했습니다.
그들은 우리에게 필요한 건축 자재와 가구 등을 기증받을 수 있도록 힘썼죠.

　　　우리는 예산이 적은 비영리 단체였는데, 종종 우리의 계획을 실현하기
위해서 추가적인 돈이 필요할 때도 있었습니다. 이때 정말 도움이 되는 비용
절감 방법 중 하나는 원하는 물건을 자체 제작하는 것입니다. 프로그램 진행
공간에 있는 책장을 예로 들 수 있겠네요. 바다의 깊이에 따라 바다의 색이
점점 달라지듯이, 그 책장의 농도가 책장의 칸에 따라 달라지고 또 벽 크기와
딱 맞길 바랐습니다. 우리가 원하는 대로 책장을 맞춤 제작하려면 아주 비싼
비용을 지불해야 했을 것입니다. 하지만 우리는 이케아에서 수납장을 사서
직접 페인트를 칠하고 설치했습니다. 학생들이 좋아하는 공간에 있는
현창(舷窓)도 마찬가지입니다. 이 현창을 달기 위해 업체에 견적을 의뢰했을
때 수천 달러가 든다는 답변을 받았지만, 아마존에서 재료를 사서 자체 제작한
덕분에 100달러 미만의 비용으로 해결했답니다.

공동 작업으로 이야기를 만들려고 생각을 나누는 어린 작가들.

한쪽 벽에 매장으로 향해 있는 현창이 보인다.

평면도를 보면, 상점 공간이 교습 공간과 어떻게 연결되어 있는지 알 수 있다.

### 지역 공동체에 826 모델을 시행한 결과는 어떠했나요?

10년 전 창립 초기부터 우리는 826 내셔널에서 영감을 받았습니다. 이곳은 원래 록 스타를 위한 상점이었지만, 5년 전쯤 지금의 위치로 이전하면서 브랜드를 변경하기로 결정했습니다.

우리의 생각은 다음과 같았습니다. 〈사방이 육지로 둘러싸인 미네소타에 해양 연구소가 있다면 재미있지 않을까?〉 학생과 직원들로부터 정보를 수집하고 지역 공동체도 고려했습니다. 이곳을 재미있고 엉뚱하게 만들면서도, 지역 공동체에 봉사하려는 진심을 어떻게 알릴 수 있을지 고민했죠. 지역 공동체의 반응은 매우 긍정적이었습니다. 예전의 장소에 방문했던 사람들은 우리가 이전을 한 후에도 새로운 장소에 찾아와 주었습니다. 그리고는 새로운 공간 덕분에 우리 단체가 한 단계 향상된 것 같다고 말했죠.

이곳에 처음 오는 학생들을 위해 826 내셔널 특유의 유쾌한 요소를 곳곳에 심어 놓았습니다. 아이들이 들어와서는 〈와, 뭐지! 학교와 너무 다른데?〉라고 말하곤 합니다. 이 공간은 아이들이 가지고 있는 교육 공간에 대한 선입견을 없애고, 창의성과 배움을 즐기는 쪽으로 마음을 열도록 합니다.

# 다아아알

압둘라히Abdullahi, 7학년, 미네소타 미니애폴리스
— 826 MSP에서 출간된 작품

나는 달이야.

왜냐하면 나는 아주 크고 인기가 많으니까.

나는 항상 친구가 없지만

지구는 나한테 말을 걸어.

인간들이 가끔씩 들러서

나에게 말을 걸고 나와 놀아 줘.

나는 재미있어.

그리고 어두워.

나는 화가 나면

태양을 이겨.

나는 달이야.

모두가 보기를 원하지.

내가 움직이는 것을 말이야.

# 오스틴 박쥐 동굴
Austin Bat Cave

오스틴은 도시 중에서는 세상에서 가장 큰 박쥐 서식지로, 〈오스틴 박쥐 동굴〉이라는 주제에 영감을 주었다.

설립 연도: 2007년
디자인: 와비 파커
면적: 450평방피트(12평, 41제곱미터)
버스 디자인: 소마 스몰 스페이스, 루이스 카네기
버스 면적: 118평방피트(3.3평, 11제곱미터)
주소: 1317 사우스 콩그레스 에비뉴, 텍사스 오스틴

텍사스 오스틴

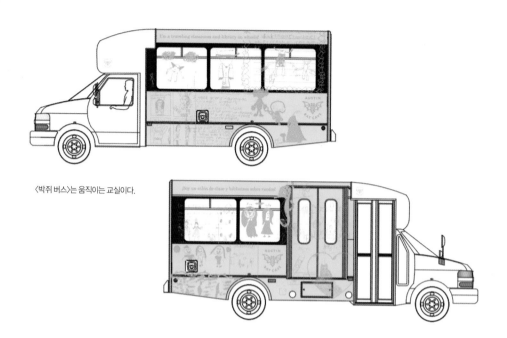

〈박쥐 버스〉는 움직이는 교실이다.

## 오스틴 박쥐 동굴은 와비 파커Warby Parker *의 공간으로 어떻게 들어갔나요?

오스틴 박쥐 동굴과 와비 파커는 오랜 동지로, 2012년 도서관으로 개조한
버스를 타고 전국 교실 여행을 다녔을 때부터 함께했습니다. 와비 파커가
오스틴에 첫 번째 센터를 열었을 당시, 그들은 우리에게 연락해 자신들의 공간을
함께 사용하지 않겠느냐고 물었습니다. 센터 뒤쪽의 공간을 아이들을 위한
글쓰기 워크숍과 매주 열리는 직원회의에 사용할 수 있도록 해준다고 말이죠.

　　와비 파커의 매장 디자인 디렉터 맷 싱어Matt Singer와 수석 브랜드
매니저 루비 노렌Ruby Noren은 오스틴 박쥐 동굴 팀과 협력해, 교실 공간을
디자인했습니다. 그들은 수년에 걸쳐 오스틴 박쥐 동굴에서 출간한 선집을
전시하기 위한 맞춤형 진열대를 제공했을 뿐만 아니라, 워크숍을 위해 책상과
의자를 구비했습니다. 위원회 회의가 열릴 때는 테이블과 의자를 재배치하고,
아이들을 위한 여름 캠프가 진행될 때는 방을 다르게 꾸몄습니다. 그리고
25센트짜리 동전을 넣으면 오스틴 박쥐 동굴의 학생들이 쓴 문장과 연필이
나오는 자동판매기 등과 같은 센터 고유의 인상적인 요소도 추가했죠.

---

* 미국의 안경 유통 회사로, 많은 비영리 단체와 협업하고 지역 사회에 공헌하며
다양한 형태로 기부를 해오고 있는 사회적 기업이다.

## 어떤 프로그램을 제공하나요?

통상적으로 주말 워크숍과 여섯 번의 여름 캠프를 개최합니다. 올해는 지역 및 국가 문제에 관한 주제에 대해 글을 쓰고 시청에서 의견을 발표하는 등의 활동에 청소년들을 활발히 참여시키는 것을 목표로, 스피크 피스*와 협력해 고등학생들을 대상으로 슬램 시**와 연설문을 작성하는 워크숍을 주최했습니다. 또한 종말 후, 마술적 사실주의, 팟캐스트용 글짓기, 던전 앤 드래곤, 미스터리와 스릴러 등 다양한 주제의 무료 여름 글쓰기 캠프를 일주일간 열기도 했습니다.

어린이를 위한 무료 글쓰기 프로그램을 지원하고 보조금을 조달하기 위해 2018년부터는 성인 글쓰기 강좌를 시작했습니다. 이 강좌는 출판 경험이 있는 작가가 열다섯 명의 학생을 대상으로 하루 혹은 이틀 동안 진행합니다. 10월에는 카렌 러셀Karen Russell이 〈변신〉이라는 주제로 소설 작법 마스터 클래스를 강의했습니다. 학생들은 수업 중에 제공되는 프롬프트의 도움을 받아 짧은 글을 썼고, 우리가 그 작품을 수집한 다음 러셀이 작은 챕북 형태로 편집해 출간했죠.

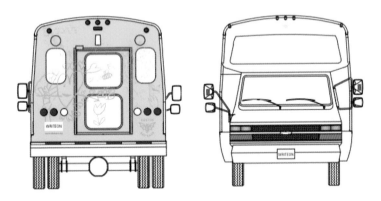

---

\*   Speak Piece. 오스틴을 거점으로 시 프로젝트를 통해 청소년을 지원하는 단체.
\*\*  자신의 개인적인 경험, 특히 힘들었던 일에 대한 이야기를 매우 강렬하고 감동적인 방식으로 지은 시.

## 지역 공동체의 반응은 어떤가요?

오스틴 박쥐 동굴은 젊은 작가뿐 아니라 이 지역에 거주하는 성인을 위한
창의적인 커뮤니티이기도 합니다. 우리는 오스틴의 예술가들에게
교육자로서의 훈련 및 출판 기회, 그들의 이야기를 전할 수 있는 플랫폼과
매력적인 프로그램을 제공하거나, 학생들에게 봉사하는 성취감을 얻을 수 있는
기회를 주는 등 다양한 방식으로 그들을 지원합니다.

대부분의 사람들은 오스틴 박쥐 동굴에 다시 오고 싶다고 말합니다.
즐거운 일을 벌이기 위해서라면, 우리가 무엇이든 할 것이라는 사실을 이미
알기 때문입니다. 초등학교에서 록 오페라를 공연하거나 아이들이 작곡한 음악

상상력이 넘치는 공간을 만들기 위해 버스 안을 다 비운 모습.

앨범을 만드는 데 도움을 얻으려고, 토르 헤리스Thor Harris나 아만다 팔머Amanda Palmer와 같은 음악가를 섭외하는 일이 그런 예가 될 수 있겠죠. 창의적인 커뮤니티를 육성하고 지원하고, 또 그들과 어린 작가를 연결해 주려는 노력을 하고 있기 때문에 우리는 아주 인기가 많답니다. 우리의 능동적 태도와 굳센 의지는 사람들에게 오스틴 본유의 활기를 상기시킵니다.

**프로그램을 지원하기 위한 자금은 어떻게 마련했나요?**

인맥을 활용해 수익을 창출할 수 있는 창의적인 방법을 찾아야 합니다. 오스틴 박쥐 동굴은 훌륭한 MFA* 프로그램을 진행하는 곳(오스틴 미슈너 센터의 텍사스 대학교 및 텍사스 주립 대학)과 거리상 가깝다는 점에서 운이 좋았습니다. 우리는 재능 있는 지역의 작가들과 우정을 나누며 친분을 맺고 있었고, 그 인맥을 활용해 성인 글쓰기 강좌를 개설했습니다. 그 결과 상당한 수익을 창출할 수 있었죠. 뿐만 아니라 이 도시를 방문하는 새로운 작가들을 만날 수도 있었습니다. 이렇게 공간을 창의적으로 사용하게 되면(단체의 정체성, 사명, 기본 가치에 충실하게 부합하는 선에서), 지역 공동체 내에서 인지도를 높이고 또 새로운 사람을 영입하는 데 도움이 된답니다.

**언어와 함께 학생을 다른 곳으로 이동시켜 주는, 박쥐 이동 교실**

오스틴의 물가가 상승하면서, 저소득 가정은 도심에서 점점 멀어지고 그로 인해 오스틴 박쥐 동굴과 같은 문화 예술 프로그램에 대한 접근성도 떨어졌습니다. 그럼에도 우리는 우리의 교육 프로그램의 대상인 지역 공동체가 지닌 요구를 제대로 반영하고 싶었고, 그들과 대화하며 조언을 구하기 위해 학교로 찾아갔습니다. 그들은 우리의 교육 프로그램에서 무엇을 얻기를 바랐을까요? 우리는 그들의 요구를 어떻게 가장 잘 충족시킬 수 있을까요? 마침내 학생과 그 가족에게로 교실을 가까이 가져가야 한다는 사실을 깨달았습니다.

박쥐 이동 교실은 접근성에 방해가 되는 교통과 비용 문제를 제거합니다. 동시에 이동식 강의실 역할을 하며, 책 제작실, 도서관, 아늑한

* Master of Fine Arts, 순수 예술 석사 과정.

공부방, 인터넷, 크롬 북, 책상, 휴식 공간을 갖추고 있습니다. 우리는 이곳에서
학생들이 영감을 받을 뿐 아니라 새로운 어딘가로 이동했다는 기분을
경험하기를 바랍니다. 학생들이 이곳에 들어설 때, 꿈같은 풍경 속으로
들어서는 듯한 느낌을 누리기를 바랍니다. 겉으로는 버스처럼 보이지만 안에
발을 들이는 순간부터 그들의 예상이 완전히 빗나가는 광경이 펼쳐지기를
바랍니다. 이 버스에는 글쓰기에 대한 무한한 가능성과 영감이 있습니다. 또
비밀 공간도 숨겨져 있죠. 긴 벽을 따라 책꽂이가 빼곡히 설치되어 있고, 한쪽
벽은 풀로 잔뜩 덮여 있습니다. 학생들은 빈백에 편하게 주저앉아 멋진
이야기를 읽을 수도 있습니다. 그들은 신비하고 특별한 것을 찾기 위해 굳이
그들이 살고 있는 지역을 떠나 다른 지역으로 갈 필요가 없습니다. 바로 이곳
학교 캠퍼스에 이미 있을 테니까요. 멋지고 특별한 일은 아이들에게 찾아가야
합니다. 아이들은 그럴 만한 가치가 있기 때문입니다.

　　　이동 교실 프로그램 관리자인 마릴리스 피겨로아Marilyse Figueroa는
미셸 공드리Michel Gondry의 영화「수면의 과학The Science of Sleep」에서
재활용 재료를 사용해 버스 안에 완전한 하나의 작은 세계(셀로판 바다,
솜뭉치 구름 등)를 만든 것에서 영감을 받았습니다. 또한 아이들이 교습
센터가 가진 가능성에 설렐 수 있도록, 글쓰기 교실로 들어가는 입구를
엉뚱하고 기발하게 만든 826 모델에서도 영감을 받았죠.

　　　버스의 외부 디자인은 멋진 디자인 회사 루이스 카네기Lewis
Carnegie가 맡았습니다. 버스를 꾸미기 위해서, 좁은 공간 안에서 작업하고 또
그 공간의 활용성을 최대화하는 데 풍부한 경험이 있는 사람들을 찾는 일은
정말 중요했습니다. 한편 공간 인테리어와 디자인 설계에 도움을 받기 위해서
소마 스몰 스페이스Soma Small Spaces에 연락했습니다. 주로
에어스트림*이나 레저용 자동차를 생활 공간으로 바꾸는 일을 하는, 부부가
함께 운영하고 있는 회사였습니다.

　　　우리는 박쥐 이동 교실을 변하지 않는 정체된 공간으로 보지 않기
때문에 정기적인 유지 및 보수가 필요하다고 생각합니다. 그래도 유지 및 보수
비용을 줄이기 위해 버스는 각 학교에 한 달씩 머물고 있습니다. 이는

＊　미국에서 1920년대에 소개된 독특한 모양의 여행용 트레일러이자 상표 이름.

학생들과 유의미한 관계를 형성하기에도 충분하고, 이동 거리를 최소화할 수도 있는 방침이죠. 우리는 멕시코 및 라틴계의 예술과 문화에 관한 프레젠테이션과 홍보를 통해 멕시코인의 지역 공동체를 풍요롭게 하고 교육하는 것을 사명으로 하는 멕식-아르트 박물관과 협력하기도 했습니다. 우리의 핵심적인 신념 중 하나는 공동체의 힘은 〈협력〉에서 비롯된다는 것입니다. 따라서 협력 관계를 맺는 일은 아이디어의 계획 및 설계뿐 아니라 구현에 있어서도 매우 중요합니다.

# 파이팅 워즈

Fighting Words

설립 연도: 2008년
디자인: 그래프튼 건축사 사무소
면적: 2,348평방피트(65평, 218제곱미터)
주소: 12-16 러셀 스트리트, 아일랜드 더블린 1

아일랜드 더블린

새로운 이야기를 만드는 첫 번째 수업에 적극적으로 참여하는 아이들.

벽에 있는 책장이 마법처럼 열리면, 작가의 방으로 통하는 통로가 드러난다.

## 파이팅 워즈의 미래상은 무엇인가요?

상상력을 자극하고 창의성을 고취시키기 위해, 이곳을 다양한 색상과 빛으로
가득 채워 밝고 환영하는 듯한 분위기를 지닌 공간으로 꾸미고 싶었습니다.
우리의 목표는 어린이와 청소년들이 새로운 시도를 자유롭게 할 수 있는
공간을 만드는 것이었습니다. 더 특별하고 또 일상에서 분리된 것 같은 느낌을
선사할 만한 멋지고 독특한 요소를 가미해서 말이죠.

기분이 좋아지는 글쓰기 공간에 있는 책상 다리는 알파벳 모양이다.

## 어디에서 영감을 받았나요?

수많은 것으로부터 영감을 받았습니다. 주변 환경을 통해, 우리는 오래된 도시 지역에 신선하고, 밝고 예상치 못한 것을 만들고 싶다는 생각을 하게 되었습니다. 또 책장에 있는 책(모든 장르와 모든 시대를 아우르는)의 색상은 물론 센터 안으로 넘실대는 빛에서도 영감을 받았습니다. 아일랜드의 빛은 특히 아주 매혹적이거든요. 그래서 안뜰을 향해 있는 벽은 계절에 따라 바뀌고 심지어 매일매일 다르게 내리쬐는 빛이 항상 들어오도록 유리로 된 통창과 문으로 되어 있습니다.

다양한 방식으로 자신의 목소리를 낼 수 있는 워크숍에서 의견을 내는 학생들.

방 안 가득 모인 학생들이 즐겁게 공동 워크숍에 참여하고 있다.

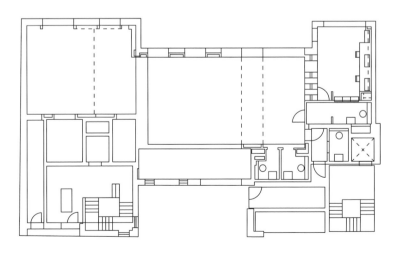

## 이곳은 어떤 사람들이 설계하고 지었나요?

초기 디자인은 수상 경력을 보유하고 있는 더블린의 그래프튼 건축사
사무소Grafton Architects가 담당했습니다. 그래프튼 건축사 사무소는 디자인
비용을 할인해 주었습니다. 그들은 센터 내 마법의 문(안내 공간과 주 공간을
연결하는 크고 작은 책장으로 회전문의 역할도 합니다), 마법의 벽(알파벳
〈F〉와 〈W〉모양의 책장과 문이 있습니다), 알파벳으로 된 책상을
디자인했습니다. 이 디자인은 정원을 꾸미고 정문과 뒤쪽 벽을 칠해 준
교사들로 이루어진 자원봉사자 팀에 의해 몇 년에 걸쳐 점점 더
확대되었습니다.

그 밖의 작업은 무료 또는 실비만으로 제공받을 수 있었습니다. 어떤 사람은 테라스에 놓을 식물과 화분을 기증했고, 또 다른 사람은 페인트칠을 도왔습니다. 페인트는 센터에서 공급하고 자원봉사자들은 시간을 기부했죠. 우리는 데이터베이스에 등록된 약 400여 명의 사람들을 통해, 〈센터를 유지하는 데 필요한 것을 저렴한 비용이나 무료로 제공할 수 있는 사람을 이미 알고 있거나, 아니면 그 사람이 그 일을 할 수 있는 다른 사람을 알고 있을 가능성이 높다〉는 사실을 배울 수 있었습니다. 파이팅 워즈는 자원봉사자 팀이 매우 소중히 생각하는 곳이기 때문에, 모두가 항상 기꺼이 보탬이 되고자 하거든요. 한편 센터를 방문하는 청소년과 선생님들은 거의 매일 협업으로 이루어진 디자인의 효과에 대한 의견을 제시하며, 우리는 그 의견을 경청합니다.

설립 연도: 2011년

디자인: 케리 워너, 케이티 맥클리어리, 안젤라 타네힐

면적: 2,985평방피트(83평, 277제곱미터)

주소: 3301 37번 애비뉴, 15호, 캘리포니아 새크라멘토

**916**
*ink*

# 916 잉크

**916 Ink**

# 캘리포니아 새크라멘토

### 916 잉크는 새크라멘토의 어린 작가들을 위해 어떤 일을 하나요?

이매지너리움*은 새크라멘토 청소년들을 창의력의 세계로 안내하는 〈글쓰기 궁전〉입니다. 이곳의 디자인은 청소년이 일상적인 환경에서 벗어날 수 있어야 한다는 필요성과 청소년 작가가 이 공간 안에서만큼은 자신의 모습을 투영할 수 있어야 한다는 필요성이 균형을 이루고 있습니다.

　　우리는 외부의 분위기를 실내로 들여오고, 여기에 기발한 장식을 더해 상상력을 자극하고 호기심을 불러일으키고자 했습니다. 한쪽 벽에는 청소년 작가들의 사진이 영감으로 가득한 문장과 함께 전시되어 있으며, 이로써 어린 예비 작가들은 소속감을 느낍니다. 또 〈프롬프트 벽〉은 공상과 공감대, 두 가지를 모두 이끌어 내는 요소입니다. 글쓰기 워크숍이 진행되는 동안

---

＊　Imaginarium. 상상력을 위한 공간이다. 과학적·예술적·상업적·오락적
　·영적 상상력을 자극하고 기르는 데 전념하는 여러 이매지너리움이 있다.

언제나 빈틈없고 방심하는 법이 없는 미스타 콤플레이나가 한쪽 구석 높은 곳에 자리를 차지한 채 사람들을 즐겁게 해준다.

청소년들은 흥미로운 항아리, 깡통, 여행 가방에 담긴 프롬프트들을 만지면서 영감을 얻을 수 있습니다. 친숙하거나 낯선 대상을 손으로 잡거나 만지는 경험을 통해 글의 방향성을 찾게 되는 것이죠. 프롬프트에 대한 접근성은 센터에 대한 접근성 못지않게 무척 중요합니다. 916 잉크가 저소득 가정들로부터 거리상 가운데에 위치하도록 사우스 새크라멘토에 의도적으로 센터를 만든 것처럼 말이죠.

　건물 외부에는 산드라 시스네로스Sandra Cisneros와 재클린 우드슨Jaqueline Woodson 같은 유명 작가의 모습이 담긴 레진 형태의 대형 이미지가 전시되어 있습니다. 이는 다양한 문화와 문학 장르를 표현한 요소로, 청소년들을 맞이하는 데 매우 중요한 역할을 합니다.

**이매지너리움의 구조는 원래의 목표를 어떻게 반영했나요?**

이곳은 방문자가 걸어가면서 916 잉크의 글쓰기 워크숍 체계를 볼 수 있도록 설계되었습니다. 다양한 물건과 이미지, 글쓰기 프롬프트에 사용된 책 등 센터의 수집품으로 가득 찬 커다란 책장은 상상력이 샘솟으며 글쓰기를 시작하게 되는 출발점이죠. 그리고 액자에 담긴 문구가 전시된 부분으로 이어지는데, 여기에서는 사람들로부터 받은 긍정적인 피드백과 워크숍에서 공동 작업을 할 때 따라야 하는 지침을 자세히 알립니다. 그다음 마주치는 가상 출판사 대표인 〈미스타 콤플레이나〉 동상 주변에 전시된 빈티지 타자기는 작품의 교정 및 편집 단계를 표현합니다. 916 잉크에서 진행하는 글쓰기 워크숍의 마지막 단계가 〈출판〉이라는 것을 표현해 주는 100개 이상의 선집이 펼쳐져 있는 공간에서 이 투어는 끝나게 됩니다.

**문학-스팀펑크** *** 적인 동화 나라와 그 배경이 되는 이야기는 어떻게 만들었나요?**

새크라멘토의 예술가 케리 워너Kerri Warner와 안젤라 타네힐Angela Tannehill이 구상한 여러 가지 아이디어와 916 잉크의 전 책임 관리자였던 케이티 맥클리어리Katie McCleary가 핀터레스트 ** 게시판에서 가져온 아이디어에서 영감을 받았습니다. 우리는 그 아이디어를 디자인으로 전환시키려면 적어도 한 명의 메인 아티스트와 한 명의 크리에이티브 디자이너가 협업해야 한다는 사실을 알게 되었죠. 그래픽 디자이너 타네힐은 콜라주 아티스트이자 시각 예술가로서, 센터의 브랜드와 스타일을 정하는 데 조언을 아끼지 않았습니다. 타네힐은 워너와 즉각적으로 뜻이 잘 통했고, 그 덕분에 폭포수와 같은 아이디어에 생명을 불어넣을 수 있었습니다.

어린이를 기발한 생각과 단어로 가득 찬 토끼 굴로 내려보내는 테마에 어울리는 것 같아, 문학과 스팀펑크를 혼합하게 되었습니다. 책 더미에 얹어져 있는 종이 나무, 고요하고 푸른 하늘에 떠 있는 푹신한 구름, 벽에서 간간히 볼 수

금속 새장은 날아오를 준비가 되었다는 은유적인 생각을 담고 있다.

* Literary-steampunk. 공상 과학이나 판타지적 요소를 가미해 전기 동력 대신 증기로 작동하는 복잡한 기계가 등장하는 SF 문학의 한 장르로 주로 19세기를 배경으로 한다.
** Pinterest. 이미지 기반의 SNS 플랫폼.

내부 장식은 새크라멘토 지역 예술가인 워너와 타네힐이 구상한 여러 가지 아이디어가 혼합된 내용에서 영감을 받았다.

있는 초록색 부분은 스팀펑크적이고 하드에지\* 적인 장식의 효과를 중화시키기 위한 것입니다. 미스타 콤플레이나는 826 발렌시아에서 모습을 볼 수 없는 대신 목소리만 들을 수 있는 잡지 편집자〈블루 선장〉에서 영감을 받은 것입니다. 하지만 우리 출판사 고유의 분위기를 연출하기 위해 미스타 콤플레이나에게는 삶과 형체, 그리고 성격까지 모두 부여했답니다.

### 이곳을 운영을 할 때 재정적으로 어려움을 겪었나요?

우리는 새크라멘토 대도시 상공 회의소를 통해 인스파이어 기빙 재단\*\*에 보조금을 신청했고, 신청자 중 상위 3위 안에 들었습니다. 그 후 프레젠테이션을 거쳐 1만 달러의 보조금을 받았습니다. 이로 인해 프로젝트에 참여하고 싶어 하는 소규모 사업체 대표를 비롯해 다양한 공동체의 구성원으로 이루어진 팀도 알게 되었죠. 약 1년 동안 공간을 리모델링하는 데 보조금을 사용했습니다. 약 9만 3,000달러 상당의 현물 지원 및 기증도 받았고요. 그러나 우리의 프로젝트가 완료되기도 전에 시간과 자금이 바닥났습니다.

---

\*   Hard-edge. 1950년대 말에 시작된 기하학적 추상 사조.
\*\*  Inspire Giving. 2009년에 설립된 새크라멘토 지역 공동체에서 관리하는 재단.

다시 새크라멘토 대도시 상공 회의소가 예술 시설을 위해 책정해 둔 보조금을 신청하기로 했습니다. 이때 추가로 받은 2만 달러로 바닥 공사를 마무리하고, 종이로 만든 나무 조형물을 추가하고, 〈작가의 정원〉을 개발하고, 모든 교실 및 행사에 사용할 수 있는 무선 프로젝터를 구입했습니다. 제 조언은 이렇습니다. 〈그래! 이 일은 분명 잘될 거야〉라고 반복해서 되뇌며 절대 포기하지 마세요. 7년 동안 사용되지 않은 53평의 폐교 건물을 내세워, 당신이 꿈꾸는 가능성을 다른 사람에게 설득하는 것은 쉬운 일이 아닙니다. 그러나 당신이 그 가능성을 믿는다면 그들도 믿게 될 것입니다.

영감을 주는 예술품으로 변신한 책.

## 예술과 자연을 통한 영감

현지 아티스트들은 주로 책을 갖가지 모양으로 접어 벽에 전시하거나 그림 작업에 도움을 주는 등 소규모 프로젝트를 맡았습니다. 한편 워너는 계속해서 이매지너리움에 생기를 불어넣는 주도적인 역할을 했습니다. 그는 건물 외부에 있는 레진 형태의 대형 이미지와 이매지너리움을 확장시킨 작가의 정원을 포함해, 외관에 창의적인 요소를 관리하는 일을 도맡았죠. 야외 공간의 신선한 채소, 선선한 바람, 빈티지 타자기 등 예술적 요소는 작가들에게 영감을 불러일으킵니다. 워너는 여러 가지 재료로 만든 초대형 벌 조형물, 보행자 전용 나무다리, 『이상한 나라의 앨리스』에서 토끼 굴로 떠내려가는 하얀 토끼를 묘사한 인상적인 모자이크 작품 등으로 작가의 정원을 가꾸는 데도 기여했습니다. 특히 모자이크 작품은 타일, 보석, 단추, 빈티지 찻잔 등으로 제작되어 눈길을 사로잡으며, 이곳의 아주 매력적인 센터피스가 되었답니다.

# 털사 도서관
## (은하계 우주 기지 및 상점)

Tulsa Library
(Intergalactic Spaceport & Emporium)

설립 연도: 2012년
디자인: 털사 도서관 홍보 팀
면적: 1,600평방피트(44평, 148제곱미터)
주소: 400 시민 회관, 오클라호마 털사

오클라호마 털사

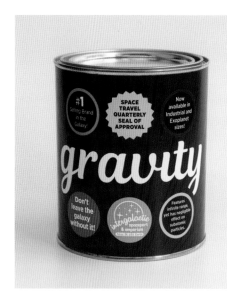

〈캔에 든 중력〉은 가장 인기 있는 상품이다.

## 털사 도서관의 목적은 무엇인가요?

털사 시티 카운티 도서관은 학생들의 창의성을 고취시킬 수 있는 상점이
포함된 글쓰기 센터를 원했습니다. 〈은하계 우주 기지 및 상점Intergalactic
Spaceport & Emporium〉은 창의적이고 해설적인 작문 기술을 활용해,
6세부터 18세 사이의 학생들의 글쓰기 능력을 개발하는 일에 전념합니다.
우리의 목표는 아이들이 독창적인 사고를 하는 데 자극이 될 만한 여러 독특한
상품을 선별하고, 선생님들이 그 상품들을 이용해 아이들이 글을 쓰도록
격려하는 데 조금이나마 도움을 주는 것입니다.

　　　은하계 우주 기지 및 상점은 일대일 숙제 시간과 그룹별 글쓰기
워크숍을 통해 청소년들의 창의성을 개발하고 고무하는 것을 가장 중요하게
생각합니다. 이곳의 프로그램은 도전 의식을 자극하는 즐거운 활동으로
이루어져 있으며, 이는 궁극적으로 아이디어를 효과적이고 창의적이며, 자신
있게 표현하는 능력을 강화시킵니다.

**우주 공간을 지구로 가져온다는 아이디어를 어떻게 떠올렸나요?**

모든 사람들은 이제 우주 공간을 사진으로 볼 수 있고 심지어 우주 비행사는 우주 공간에 간 적도 있지만, 보통 사람은 결코 방문할 수 없다는 점이 우주 공간이 가진 가장 흥미로운 부분입니다. 우리는 벽, 천장, 바닥 등 공간의 모든 부분을 남김없이 사용해, 학생들이 어디를 보든 창의성이 자라나길 원했습니다. 은하계 우주 기지 및 상점이라는 이름은 그 자체로만으로, 자연스럽게 나머지 공간이 어떻게 생겼는지 상상하게 만듭니다. 그러면서도 학생들에게 우주선 안에 있는 듯한 느낌을 주고 싶었기 때문에, 이 공간을 디자인할 때 우주가 어떻게 생겼는지 해석하는 데 있어서 창의성을 발휘하려고 했죠. 상상력을 총동원하여 디자인된 글쓰기 센터는 이곳의 프로그램에 참여하는 사람들의 상상력을 자연스럽게 자극합니다.

**테마는 어디에서 영감을 받았나요?**

사실 처음에는 테마가 아예 없었습니다. 그러던 중 털사의 주니어 리그*에 826 모델을 기반으로 한 아이디어를 몇 가지 제시해 달라고 부탁했습니다. 실제로 털사의 주니어 리그 사람들을 826 교육 프로그램에 보내기도 했죠. 몇몇은 샌프란시스코로 한 명은 뉴욕으로 갔는데, 그중에는 우리의 프로젝트에 합류하기 전에 이미 826 모델에 대해 알고 있는 여성도 있었습니다. 마침내 그들은 기발한 아이디어들을 제시했고, 우리는 그중 〈우주 기지〉에 마음이 끌렸습니다. 비행이나 비행기에 관한 테마도 있었지만, 너무 지루하다고 생각했습니다. 특별한 점이 전혀 없잖아요. 하지만 우주 기지라면? 다른 곳에서는 찾아보기 어려운 테마이자, 아이와 부모님들의 관심을 모두 사로잡을 만큼 충분히 독특한 테마라고 판단했습니다. 게다가 826 센터들의 특징 중 하나가 상점을 운영한다는 것인데, 테마를 우주 기지로 정하면 상점의 상품을 제작할 때도 선택의 폭이 넓어질 것이라고 기대했죠.

---

\*     Junior League of Tulsa. 털사 지역 내 자원봉사자가 되기를 희망하는 여성들의 비영리 자선 및 교육 기관.

은하계 우주 기지 및 상점은 틸사 지역을 대상으로 우주여행에 필요한 상품을 파는 원스톱 상점이다.

## 어떤 사람들이 설계하고 지었나요?

이곳의 모든 것, 눈에 보이는 모든 것은 자체 제작한 것입니다. 여섯 명의 홍보 팀 직원은 디자인 업무에도 참여했습니다. 우리는 몇 가지 콘셉트를 취합해, 도서관 운영 관리 팀과 틸사의 주니어 리그에 보여 준 다음 실제로 공간을 만들기 시작했죠. 초기에는 도서관 외부에 독립적인 센터를 만들까 하는 생각도 가졌지만, 별도의 장소에 기존의 도서관 이용객을 불러들이는 일이 녹록지 않을 것이라고 판단했습니다.

우리가 선택한 최선의 방법은 은하계 우주 기지 및 상점을 도서관이 지닌 장점으로 만드는 것이었습니다. 여기에 필요한 재료를 주문하는 것부터 공간을 꾸미기까지의 모든 과정은 거의 일주일 만에 완성되었습니다. 홍보 팀 직원들이 일주일 내내 일해 준 덕분입니다. 도서관이 휴관하는 동안 작업했기 때문에, 당시 건물 안에는 우리밖에 없었습니다. 페인트칠은 주말 동안 마를 수 있도록 금요일에 실시했으며, 그다음 주 월요일부터 본격적으로 공간을 꾸며 나갔습니다. 거대한 벽화의 경우, 생각보다 까다로운 작업이었습니다. 사다리 하나당 두 사람을 배치해서, 한 사람은 바닥에서 일하고 다른 사람은 사다리에 올라탄 채로 기포가 생길 때마다 고무 롤러로 기포를 제거해야 했거든요. 또 천장에 달려 있는 장식용 별의 경우, 이전부터 도서관과 함께 일해 온 플라스틱 공급업체에서 하나하나 잘라 만든 것입니다. 우리를 위해서 그들은 무려 300개가 넘는 장식용 별을 일일이 잘라 주었습니다. 우리는 그 별을 들고 주차장으로 나가 스프레이 페인트로 하나하나 칠한 다음에, 낚싯줄에 달고 접착제를 붙여 천장에 걸었습니다. 한 사람이 사다리에 올라가 있고 여러 명의 사람이 줄지어 별을 전달했죠. 바닥에 서 있는 사람 중 한 명이 손으로 별이 덜 배치된 부분을 가리키며, 그렇게 계속해서 별을 부착했습니다. 우리는 이 공간의 모든 부분에 조금씩 기여했으며, 그 과정은 팀원들이 단합하는 데 좋은 계기가 되었습니다.

315

**천문학적 비용이 드는 것을 어떻게 피할 수 있었나요?**

모든 것을 자체 제작하면 효과적으로 비용을 줄일 수 있습니다. 게다가 우리에게는 놀라울 정도로 훌륭한 팀이 있었기에, 필요한 물품도 쉽게 구할 수 있었죠. 기존에 있던 인쇄기를 사용했으며, 레코드판이나 벽화는 여기저기 발품을 팔아서 싼 가격에 구입한 다음 직접 설치해 돈을 아꼈습니다. 앞서 말했듯, 장식용 별은 친분이 있었던 공급업체를 통해 만들었습니다. 도서관 안에 공간을 마련하기로 결정한 것 역시 좋은 선택이었습니다. 이런 공간에 대해 잘 모르는 사람이더라도, 도서관에 들렀을 때 우연히 글쓰기 센터를 발견하게 될 테니까요.

**글쓰기 센터에 대한 대중의 반응은 어떤가요?**

사람들은 이곳을 굉장히 좋아하고, 상상력을 고취시키는 너무 아름다운 공간이라고 말합니다. 창의적인 글쓰기 센터를 만들고 싶다는 우리의 목표에 부합하는 반응을 얻게 되어 다행이라고 생각합니다. 특히 학부모들이 우리에게 감사를 표하고 있어요. 무엇보다 아이들의 숙제를 도와주는 과외 프로그램을 무료로 운영하는 것에 대한 만족도가 높습니다. 일반적으로 아이들을 위한 과외 프로그램은 비용이 발생되지만, 우리는 전국에 있는 826 센터들과 마찬가지로 돈을 받지 않을 뿐만 아니라 그 효과 역시 다른 곳과 비교해도 뒤처지지 않기 때문이죠. 감사하게도, 사람들이 이곳을 누구나 찾아오고 싶을 만큼 흥미진진한 공간이면서도 동시에 지역 공동체에 도움을 줄 수 있는 공간이라고 칭찬해 주고 있습니다.

**우주 비행사 지망생이 이곳에서 구매할 수 있는 품목은 무엇인가요?**

상점은 학생들의 흥미를 불러일으키고 더 나아가 호기심과 창의성을
키우도록 돕는다는 데 의미가 있습니다. 이곳에서 홍보 팀이 자체적으로
디자인한 〈캔에 든 중력〉이 가장 인기 있는 이유는 아무도 실제로 형태조차
없는 제품을 구입할 수 있다고 생각하지 않기 때문입니다. 하지만 우주로
나가게 되면 정말 필요할 수도 있죠. 그 외에도 구슬, 티셔츠, 나사 포스터,
행성과 은하계 그림이 인쇄된 양말과 같은 우주와 관련된 제품도 팔고
있습니다. 또 퍼즐, 게임, 소형 태엽 로봇은 물론 책도 있습니다.

도서관의 모든 곳에서 한 걸음만 떼면 글쓰기 센터가 있다.

8-2-6----------
M-I-C-H-I-G-A-N
---------------
D-E-T-R-O-I-T--
R-O-B-O-T------
F-A-C-T-O-R-Y--

설립 연도: 2016년
디자인: 토비 올브라이트, 몰리 에드거, 에이미 서머튼
면적: 1,500평방피트(42평, 139제곱미터)
주소: 1351 윈저 스트리트, 미시간 디트로이트

# 826미시간: 디트로이트
## (로봇 공장)

826michigan: Detroit
(Robot Factory)

미시간 디트로이트

디트로이트 로봇 공장에는 책 자판기가 있다. 레버를 당기면, 학생들의 출판물이 미끄럼판을 타고 내려와서 커다란 바퀴를 지나 금전 등록기 위로 떨어진다.

### 826미시간의 역사는 무엇인가요?

2005년 앤아버 지점은 원래 산업용 복합 단지 건물의 지하에 있었고, 로컬 826인 〈몬스터 유니온Monster Union〉은 그곳과 아주 잘 어울렸습니다. 그곳은 복도와 작은 방이 많아 꼭 미로 같았습니다. 우리는 모든 방을 다른 색으로 꾸몄는데, 연구실은 청록색과 하늘색 줄무늬, 복사실 천장은 분홍색 물방울무늬였습니다. 가장 중심이 되는 로비에는 아주 멋진 타이포그래피 벽화가 있었으며, 다른 쪽에는 학생들이 무엇에 대해 써야할지 모를 때 도움이 되는 〈영감의 방〉도 있었죠. 영감의 방은 연두색으로 칠해져 있었는데, 벽에 오래된 장난감, 음반 커버, 그 외에 온갖 종류의 독특한 물건을 붙였습니다. 심지어 누구나 벽에 붙이고 싶은 물건을 적어 낼 수 있도록 신청 양식도 마련해 두었습니다. 모든 것이 아주 성공적이었죠. 다만 지하에 위치해 있었기 때문에, 시간이 지나면서 특히 문이 너무 오랫동안 닫혀 있을 경우에 아주 좋지 않은 냄새가 났습니다.

상점에서부터 글쓰기 공간으로 이어지는 멋지고 웅장한 계단.

…계단은 책을 배달하는 물레바퀴를 지나 교습 센터로 연결된다.

이 센터는 원래 도축장이었지만, 이제는 비거니스트도 단골이 되어 많이 찾는다.

2007년 다운타운 쪽으로 이사하면서, 그때 몬스터 유니온의 괴물들은 이주를 원치 않아서 파업을 하고 그 대신 로봇이 이곳을 인수하는 것으로 이야기를 꾸몄습니다. 새로운 장소의 테마를 정할 당시 처음 나온 아이디어는 〈로봇을 위한 약국〉이었습니다. 구형 로봇을 위한 상점이라는 콘셉트가 그 자체로도 재미있다고 생각했을 뿐만 아니라 지역의 분위기와 오래전부터 계속 이 지역에 있었던 몇몇 상점과도 잘 어울린다고 생각했죠. 게다가 앤아버 매장에서부터 사용해 온 가구는 중고품 상점에서 구입했기 때문에 짝이 안 맞았는데, 오히려 그 점이 콘셉트와 어우러져 아름다운 분위기를 자아냈습니다.

이곳의 센터피스는 옛날 백화점이나 약국에 있었을 법한 느낌이 드는, 1920년대의 오래된 유리와 나무로 된 진열장입니다. 진열장에는 진열된 물건이 밝게 보이도록 전구가 달려 있었고 그 전구는 옛날식 전기 장치답게 무시무시하게 생겼습니다. 그 안에 시계나 팅크제* 혹은 세기 전환기의 물건이 가득 차 있는 모습을 상상해 보세요. 특히 WD-40**과 펜조일***을 진열해 둔 것이 굉장히 마음에 들었습니다. 그러나 진열장이 너무 크고 무거웠으며, 그다지 넓지 않은 공간을 지나치게 많이 차지했습니다. 결국 공간을 더 넓게 만들고, 우리가 직접 만든 보다 간결하고 아름다운 것을 보여 주기 위해서 진열장을 치우기로 했습니다.

* 동식물에서 얻은 약물이나 화학 물질을 에탄올 또는 에탄올과 정제수의 혼합액으로 흘러나오게 하여 만든 액체.
** 윤활 방청제의 상표명.
***엔진 오일의 상표명.

로봇 공장은 로봇이 최적의 기능을 발휘하기 위해 필요한 모든 물품은 물론 학생들의 출판물도 판매한다.

2016년 디트로이트 이스턴 마켓*에 2호점을 열었습니다. 공간은 작았지만 천장이 매우 높았습니다. 그리하여 일종의 미래 분위기를 풍기는, 〈2001년〉 분위기(이 두 가지 콘셉트를 조합하는 것은 정말 웃겼지만 확실히 미적이었습니다)를 표현하기로 했습니다. 말하자면, 깨끗하고 하얗고 기술적으로 진보적인(우리가 기술에 대해서는 잘 모른다는 것 역시 웃겼습니다) 분위기로 말이죠. 그곳에 디트로이트 예술가 후안 마르티네즈Juan Martinez가 만든 거대한 책 자판기와 대형 터치스크린을 더했습니다. 우리는 대체로 약방, 미술관, 2001년, 영화관, 그리고 다른 826 센터들에서 영감을 얻었습니다. 지난 몇 년 동안 두 상점 모두 분위기와 모습이 여러 번 바뀌었습니다.

* 미국 디트로이트에 있는 역사적 상업 지구.

예술가 마르티네즈가 만든, 동물을 테마로 한 로봇 바이크.

학생들은 들소 자전거를 타고 826미시간까지 이동한다.

딸이 쓴 작품을 처음 본 부모.

책 발표회는 열정적이고 기쁨을 주는 행사로, 꽤 자주 열린다.

학생들이 쓴 작품은 정기적으로 책 낭독회에서 소개되고, 모두가 이를 축하해 준다.

낭독회는 작가가 된 학생의 사인을 받을 수 있는 좋은 기회다.

열한 살인 딸 루시와 나는 우리가 가장 좋아하는 동네 레스토랑에 있었습니다. 그곳에서 우연히 『이건 어디에서 올까?*Where is it Coming From?*』(826미시간의 학생들이 쓴 이야기책)를 발견했습니다. 루시는 한 젊은 부부가 그 책을 자신들의 테이블로 가져가 읽으면서 웃는 모습을 보았죠. 분명 그 책을 좋아하는 것 같았어요. 저는 루시에게 그들에게 가서 자기소개를 해보는 것이 어떠냐고 말했습니다. 그러자 루시는 놀랍게도 정말 그들에게 가서 인사를 건넸습니다. 루시는 그들과 즐겁게 대화를 나누었고, 자기가 참여해서 쓴 「멋진 남자*The Wondrous Man*」라는 이야기를 찾아 보여 주었습니다.

얼마 후, 웨이터가 와서 그 부부가 남기고 간 쪽지를 전했습니다. 그 책을 얼마나 재미있게 읽었는지, 그리고 그 책의 작가 중 한 사람을 만나고 또 그 책을 만든 학교에 관해 듣게 되어 얼마나 영광스러웠는지 쓰여 있었습니다. 그리고 우리의 식사 비용까지 내주었답니다. 참 기분 좋은 만남이었고, 덕분에 루시는 스스로가 다른 사람들에게 큰 기쁨을 전달하는 일을 한다는 사실을 매우 특별하게 생각하고 있습니다.

사랑을 담아, 줄리아 드림.

— 826미시간 센터의 한 부모가 보낸 편지

# 826미시간: 앤아버 앤 입실란티
## (로봇 수리 및 용품점)

826michigan: Ann Arbor & Ypsilanti
(Robot Supply & Repair)

설립 연도: 2005년
디자인: 몰리 에드거, 제이슨 드파스콸, 에이미 서머튼
면적: 1,700평방피트(47평, 157제곱미터)
주소: 115 이스트 리버티 스트리트, 미시간 앤아버

**미시간 앤아버**

**826미시간은 어떤 사람들이 만들었고, 예산 문제는 어떠했나요?**

시간이 지나면서 우리에게는 아주 많은 변화가 있었습니다. 두 번째 앤아버 지점과 첫 번째 디트로이트 지점의 초장기에는 창의적인 상점 직원과 디자이너들로 구성된 작은 팀이 있었습니다. 그러다 여러 다양한 기회로 인해, 제이슨 드파스콸Jason DePasquale, 몰리 에드거Mollie Edgar, 올리버 우버티Oliver Uberti, 그 외 아주 많은 사람이 우리의 일에 깊숙이 참여하게 되었습니다. 특히 상점의 배후에서 가장 창의적인 원동력이 되어 준 사람은 프로그램 디렉터 에이미 서머튼Amy Sumerton이었습니다. 그는 앤아버 지점과 디트로이트 지점의 생성과 운영을 감독하면서, 계속해서 교습 및 교내 프로그램까지 만들었죠. 우리에게는 모든 과정과 노력에 지출할 만큼의 많은 돈이 없었기 때문에, 서머튼은 본인과 다른 사람들의 창의적인 아이디어를 한정된 자금으로 실현하는 놀라운 연금술을 발휘했습니다(로봇 상점을 여는 데, 가구와 제품까지 포함해 5,000달러도 들지 않았거든요).

기어 윤활유나 추가 마력이 필요한 로봇을 알고 있다면(혹은 그런 로봇이라면), 이곳을 방문해 보자.

로봇 수리 및 용품점에는 〈로봇 기침 시럽〉부터 〈추가용 토크〉에 이르기까지, 기발한 로봇 관련 용품을 취급하고 있다.

### 이곳에서 방문자가 어떤 경험을 하기를 원하나요?

우리에게는 학생들이 항상 최우선입니다. 상점의 주요 목표 중 하나는 학생들이 이곳에서 편안하고 신나는 기분을 가질 수 있도록 돕는 것입니다.

디트로이트 지점에 들어선 학생들은 매우 높은 천장과 위층에 있는 글쓰기 작업실의 유리 벽을 올려다봅니다. 이것은 디트로이트 이스턴 마켓에 있는 1880년대 생산물 창고를 개조하려고 했을 때, 1층 천장에 거대한 구멍을 뚫겠다는 건축가의 대담한 아이디어를 따르기로 결정한 덕분입니다. 이 구멍으로 인해 방문자들은 공간의 전체적인 범위와 위층 공간의 실제 목적(글쓰기를 위한 곳)을 곧바로 파악할 수 있죠. 우리는 아이들에게 그들의

앤아버에서 유일한 〈베터 봇〉 제품 공식 판매처.

말과 아이디어가 중요하다고 말만 하는 것보다, 아이들이 대담하고 웅장한 공간에 들어와서 환영받는 기분을 만끽하며 그러한 메시지를 몸으로 느끼는 것이 중요하다고 믿습니다.

앤아버 지점은 한결같습니다. 여전히 리버티 스트리트 지역에는 사람들의 도보 통행량이 매우 많아, 정말 끊임없이 사람들이 지나다닙니다. 행인들은 무심코 보도를 따라 우리의 상점을 지나쳤다가, 옆 상점의 앞쪽 중간쯤에 멈추어 서서 다시 돌아오곤 하죠. 그리고는 〈이곳은 대체 뭐 하는 데예요?〉라고 묻습니다. 사람들이 호기심을 감추지 못하고 들어오는 것입니다. 당연히 학생들도 그런 마음으로 이곳에 오기를 바랍니다.

제가 두 번째로 많이 받는 질문은 다음과 같습니다. 〈룸바스*도 수리해 주나요?〉 이 경우는 대개 우리가 하려는 말에 전혀 관심이 없고 자신의 질문에 대한 대답만 기다립니다. 사실 우리는 로봇 청소기를 수리하지는 않지만, 적어도 앤아버 지역에서 룸바스가 많이 사용되고 있다는 사실을 알게 되었죠.

아티스트가 디자인한 로봇이 매장에 진열되어 있다.

*      2002년에 나온 진공청소기.

휴머노이드 영업 사원과 업무 교대 관리자.

## 방문자는 이곳에서 무엇을 할 수 있나요?

디트로이트 지점의 경우, 책 자판기를 통해 방문자들은 학생들의 출판물을 볼
수 있습니다. 매우 거대하고 묵직한 자판기는 아이들이 쓴 책을 사는 값진
행동에 진지함을 더하는 장치죠.

앤아버 지점에는 일레인 리드Elaine Reed가 만든 약 1.5미터 높이의
로봇 조형물이 있습니다. 로봇 조형물은 826미시간에 견학을 왔던 3학년
학생들의 사진을 순차적으로 계속해서 보여 주고 몇 분에 한 번씩은 원주율의
소수점 20자리까지를 반복해서 들려줍니다. 이곳에서 오래 자원봉사를 하면,
소수점 숫자를 전부 외우게 되어 더 이상 신경 쓰이지 않죠. 그러나 처음
방문하는 사람들은 그 소리가 신경 쓰일 수밖에 없기 때문에, 우리가 의도한
바를 자연스레 따르게 됩니다. 누군가가 지폐나 동전을 기부하면 로봇의
소리가 멈추거든요. 그 순간 로봇은 전자 트림을 하고 운이 좋다면 〈정확한
가격입니다〉*의 주제가가 나오기도 합니다.

　　　　　　　　　　　　　　　*　　참가자가 상품의 가격을 맞추는 방식으로 진행되는 미국의 버라이어티 쇼.

기다리는 동안 로봇이 수리된다.

처음으로 출판된 책을 본 학생들의 반응.

1932년형 일렉트로-테크-레크트로닉과 같은 모델도 수리가 가능하다.

커튼은 교습 공간과 상점 공간을 구분해 준다.

글쓰기 연구실은 글을 읽고, 쓰고, 로봇을 수리하는 데 충분한 공간을 제공한다.

학생들이 쓴 작품과 로봇이 공간을 채우고 있다.

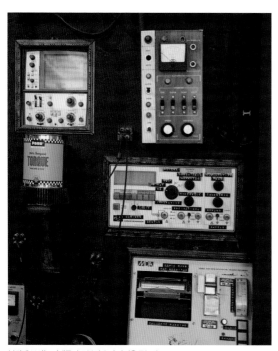

복잡해 보이는 기계들이 로봇의 수리 과정을 돕는다.

지난 몇 년 동안 수많은 판지 상자와 산업용 튜브가 로봇 의상을 만드는 용도로 재활용되고 있다.

### 관절 윤활유
디자이너: 올리버 우버티
문구: 올리버 우버티, 에이미 서머튼,
제이슨 드파스콸

삐걱거리는 소리와 덜컥대는
동작은 이제 끝! 동작을 부드럽게
해주는 관절 윤활유는 시중에
나와 있는 제품 중 최고의
품질이며, 어떤 로봇이든 최신
모델처럼 작동되도록 돕는다.

### 다목적 오일
디자이너: 올리버 우버티
문구: 올리버 우버티, 에이미 서머튼,
제이슨 드파스콸

기름칠이 잘된 기계보다 더 기분
좋은 것은 없다. 다목적 오일은
재주 많은 로봇에게 완벽한
제품이다. 고품질 윤활유로,
소량만으로도 내연 기관의 모든
실린더를 연소시킨다.

### 마력
디자이너: 올리버 우버티
문구: 올리버 우버티, 에이미 서머튼,
제이슨 드파스콸

최고의 봇은 힘과 속도로
작동하며, 이 두 가지를 결정하는
요소는 높은 마력이다. 향상된
품질과 최고의 성능을 위해 고객
맞춤형 마력 제품을 당신의
로봇에 주입해 보자.

### 얼라인먼트
디자이너: 올리버 우버티
문구: 올리버 우버티, 에이미 서머튼,
제이슨 드파스콸

정기적인 유지 및 보수는 기계의
성능에 가장 핵심적인 요소다.
로봇의 톱니바퀴와 베어링을
최적의 상대 위치로 복원시키면,
정확하고 효율적인 동작과
간소화된 작업 실행이 가능하다.
최고의 봇 성능을 얻고 싶다면,
얼라인먼트를 구입해 보자.

### 5
#### 관성
디자이너: 올리버 우버티
문구: 올리버 우버티, 에이미 서머튼,
제이슨 드파스콸

휴식 중인 봇을 계속 휴식하게
하고 작업 중인 봇을 계속
작업하도록 유지시키는, 완벽한
관성력이다. 관성은 피부에
바르는 제품이며, 뉴턴의 운동
법칙 중 제1법칙을 절대적으로
따르는지에 대한 현장 테스트를
거쳤다.

### 6
#### 기어 윤활유
디자이너: 올리버 우버티
문구: 올리버 우버티, 에이미 서머튼,
제이슨 드파스콸

로봇의 복잡한 내부 기능을
원활하게 만드는 윤활유이다.
동력을 전달하는 기어는
안드로이드의 존재 전체를
제어하므로, 가장 기본적인 구성
요소의 고성능을 보장해 주고
로봇의 가장 중요한 기능을
유지시킨다.

### 7
#### 토크
디자이너: 올리버 우버티
문구: 올리버 우버티, 에이미 서머튼,
제이슨 드파스콸

기계에 토크를 추가함으로써
정밀한 동작이 가능하도록
설계되었다. 그 덕분에, 정확한
급회전과 방향 전환을 보장한다.
추가용 토크는 좁은 공간에서
절대적인 정확도가 필요한 작업을
주로 담당하는 봇의 필수품이다.

### 8
#### 가속
디자이너: 올리버 우버티
문구: 올리버 우버티, 에이미 서머튼,
제이슨 드파스콸

100퍼센트 무기질로 만든 로봇용
패스트푸드. 캔에 든 가속은
신속성이 필요한 작업을 할 때,
봇이 최고 속도로 작동되도록
만든다. 신맛, 기본 맛, 그리고
가장 까다로운 사이보그를 위한
담백한 맛이 있다.

설립 연도: 2012년
디자인: 피터 브레이크만, 앤 핸슬리, 체이프 핸슬리,
에미 카스트너
면적: 1,545평방피트(43평, 143제곱미터)
주소: 802 사우스 웨스트네지 애비뉴, 미시간 칼라마주

# 읽고 쓰는 공간
# 칼라마주

Read and Write Kalamazoo

미시간 칼라마주

**읽고 쓰는 공간 칼라마주의 목표는 무엇인가요?**

흥미를 자극하고, 호기심을 불러일으키고, 공동 작업에 도움이 되는, 그래서
학생들의 글쓰기에 방해가 되는 것을 허물 수 있는 공간을 원했습니다. 글쓰기
센터를 논리적으로 구현시키려는 계획을 본격적으로 시작하기 전에, 우리는
이 공간에 어떤 특징을 포함할 것인지에 대해 대화를 나누었습니다. 그때마다
항상 〈……그리고 상점과 글쓰기 센터 사이에 비밀의 책장 문이 있어야
해요〉라는 의견이 빠지지 않았죠.

　　우리는 지역 주민 자치회, 도서관, 공유 작업 공간에 임시로 머무는 등
이곳저곳을 옮겨 다니면서, 소규모 단체로 시작했습니다. 그 후 6년 동안
영구적으로 머물 수 있는 창의적인 공간을 마련하고 싶다는 바람은 우리가
나아가는 데 길잡이가 되어 주었습니다. 항상 그 목표를 이루기 위해 노력했죠.
이곳은 기쁨, 창의성, 형평성, 접근성, 이 네 가지를 원칙으로 삼고 있습니다.
우리의 프로그램과 공간이 그 원칙을 반영하기를 바랐습니다. 사람들이
이곳이 대체 어떤 단체인지, 또는 우리가 하는 일에 어떤 식으로 참여할 수
있는지 알고 싶어 〈읽고 쓰는 공간 칼라마주〉로 몰려드는 모습을 꿈꾸었죠.

상점에서는 돌, 로큰롤, 글쓰기와 관련된 상품을 판매한다.

**테마와 디자인은 어떻게 정했나요?**

센터의 이름에 우리가 하는 일이 반영되기를 원했습니다. 일단 이곳의 이름을 정하고 스스로를 〈로크(RAWK)〉로 부르면서, 〈록〉이라는 테마가 가장 잘 어울릴 것이라는 생각이 들었습니다. 그래서 록과 관련된 모든 것을 아우르기로 했죠. 로크가 록 음악(Rock)과 돌(Rock)을 통합할 수 있는 것(〈RAWK〉의 록과 〈Rock〉의 록은 발음이 같고, 록은 음악을 뜻하는 동시에 돌을 의미합니다)이 아주 그럴싸했습니다. 상점의 이름도 이와 관련짓기로 했고, 조금 복잡하긴 하지만 〈지질학 및 음악 연구 조사 본부Geological and Musicological Survey Co.〉로 결정했습니다. 음악과 지질학이 함께하는 공간을 상상해 보세요. 그러면 우리의 글쓰기 센터와 상점이 이해될 것입니다. 실제로 글쓰기 센터와 상점 전체에 자연사 박물관, 음악 박물관의 기념품 숍, 지질학 연구소가 한 공간에 있는 듯한 분위기가 만연합니다.

날씨가 조금 나빠도 훌륭한 지질학자,
로큰롤 음악가들에게는 아무 문제가 없다.

음악적 관점 및 지질학적 관점에서「구르는 돌처럼 *」의 가사를 분석하고 있는 학생들.

우리는 826 발렌시아 근처에 살고 826NYC에서 열린 101 세미나에
참석하면서, 방문자와 학생들이 공간과 상호 작용할 수 있게끔 도와주는
다양한 방법으로부터 영감을 받았습니다. 그 결과, 상점 내 이곳저곳에 놓여
있는 오르간과 기타를 구입하게 되었죠. 또 서랍은 암석, 광물, 돋보기 등으로
채웠으며, 오래된 악보와 지질학적 사진을 콜라주해 붙인 벽지는 사람들이
이곳을 찬찬히 구경하면서 조금 더 시간을 보낼 수 있도록 만듭니다. 한편
현지 아티스트에게 내부를 장식할 수 있는 가짜 콘서트 포스터의 제작을
의뢰하기도 했습니다.

*    1965년에 발표된 밥 딜런Bob Dylan의 노래.

**이곳은 어떻게 만들어졌나요?**

앤 핸슬리Anne Hensley와 에미 카스트너Emmy Kastner는 로크의 공동 설립자입니다. 그들은 아주 오랫동안 보조금 신청에서 마케팅, 프로그램 구상 및 구현, 자원봉사자 모집까지 모든 일을 해냈습니다. 물론 처음부터 체계적인 프로그램과 멋진 공간, 다른 직원들이 있었다면 좋았을 테지만, 그들 스스로 조직을 위해 자원을 확보하고 개발하는 과정에서 지속 가능하고 전략적인 성장을 할 수 있었죠. 그 후로 자문 위원회와 창립 이사회를 만들고 시간제 직원들도 고용했으며, 그러는 사이 자원봉사자들의 기반도 서서히 단단해졌습니다. 새로 참여한 사람들은 새롭고 다양한 기량을 가지고 있었습니다. 그로 인해 설립 초기 몇 년 동안, 학생, 자원봉사자, 그리고 프로그램으로부터 창의적인 아이디어와 영감을 발굴할 수 있었죠.

우리가 걸어온 길은 각별합니다. 우리는 어떤 단체가 되고 싶은지 깨달으며 스스로를 정의하고 일을 해나갔습니다. 우리는 이 조직을 계속해서 우리가 운영할 수 없다는 사실을 알고 있었기 때문에, 디자인에서부터 프로그램 개발에 이르기까지 미적인 부분의 토대를 튼튼하게 다져야 했습니다. 그래서 조직을 운영하는 일을 다른 사람에게 넘기기 전에, 달성해야 할 큰 목표를 세웠습니다. 바로 무료 프로그램 제공, 직원 고용, 공간 확보였죠. 핸슬리, 카스트너, 체이프 핸슬리Chafe Hensley, 피터 브레이크만Peter Brakeman은 함께 창작 지원 팀을 이루어 창의적인 미래상을 위한 초석을 만들었습니다. 이때 로고, 전단지, 인쇄물, 학생들의 출판물 등을 포함한 모든 것의 디자인은 아주 중요했습니다. 한편 우리는 당시 원하는 조건을 다 갖춘 완벽한 장소에 눈독을 들이고 있었습니다. 여러 학교에서 도보로 올 수 있고, 버스 정류장에서 가깝고, 도보 통행량이 많고, 창문이 아주 아름다운 곳이었죠. 우리는 시차를 두고 승계할 계획이었고, 핸슬리가 그만두는 시기에 그토록 소망했던 꿈같은 공간을 가졌습니다. 시간제 직원으로 일하던 카스트너와 위원회 멤버들은 지역 공동체에 다가가 친분을 쌓으면서 계획을 하나씩 추진해 나갔습니다. 이 무렵 카스트너는 열성적인 지휘자로 부상했습니다. 그는 직원들을 모으고 동시에 센터 설립을 위한 기금 마련 방법을 구상하는 등

〈로크〉라는 이름 덕분에 〈록〉이라는 테마가 떠올랐다. 로큰롤 음악과 지질학!

…그리고 음악 및 지질학 연구 조사 본부라는 상점이 탄생되었다.

창의성으로 똘똘 뭉친 회오리바람처럼 일을 해나갔거든요.

핸슬리가 떠나기 전에 신청했던 보조금 덕분에 밑천이 생겼고, 카스트너는 그 보조금으로 상품을 디자인하고, 공간의 내부 디자인을 의뢰하고, 어떤 장식을 더할지 알아보는 등 목표를 실현시키기 위해 노력했습니다. 직원과 위원회 멤버들도 열심히 공간을 완성해 나갔고 기금을 모으는 데 열중했습니다. 창문이나 벽지의 디자인 작업을 해줄 현지 아티스트들을 섭외하고, 선반을 만들고 가구를 배치해 줄 자원봉사자들을 모집하면서 말이죠. 결국 모든 것은 팀이 함께 만들어 냈습니다.

설립 연도: 2017년
디자인: 조나단 브래넌, 프레쉬 스타트 빌더스의 루카스 스위튼,
불혼 크리에이티브, 메간 글라스퍼 디자인, 스튜디오 쓰리식스티,
위원회 멤버들
면적: 1,100평방피트(30평, 102제곱미터)
주소: 2509 포틀랜드 애비뉴, 켄터키 루이빌

# 어린 작가들의 온실
Young Authors Greenhouse

## 켄터키 루이빌

**어린 작가들의 온실이 방문객들에게 어떤 영향을 주기를 바라나요?**

이 공간에 들어오는 모든 사람이 놀라고 기뻐하기를 바랐습니다. 〈정반대 상점Opposite Shop〉은 모든 사안에 대해 의견이 다른 쌍둥이가 상점을 상속받았다는 허구적인 이야기로부터 시작되었습니다. 항상 상반된 의견을 내는 쌍둥이는 결국 상점을 둘로 나누고 각자 매우 개인적이고도 완전히 다른 특징을 지닌 〈바다 괴물 연구 용품점Sea Monster Research Supply Store〉과 〈비행선 상점Airship Emporium〉을 만들었습니다.

우리는 앤더슨의 스팀펑크 분위기에서 영감을 받았습니다. 무엇보다 재미있는 것은 우리도 학생들처럼 스스로에게 영감을 주기 위해 글쓰기와 상상력을 이용했다는 점입니다. 예를 들어 쌍둥이의 인물 소개서를 작성하고 그들의 성격(좌뇌형 대 우뇌형, 현실주의자 대 공상가, 체계적 인간 대 무계획적 인간)을 반영하는 공간을 상상하는 식으로 말이죠. 그리하여 이곳의 방문객들은 두 쌍둥이의 말다툼과 장난스러운 긴장 상태를 느낄 수 있으며, 그러다 그 이야기에 끌려 한쪽 편을 들게 됩니다. 결국 모두가 바다 괴물 연구 용품점을 가거나, 집을 비행선으로 꾸미기 위해 비행선 상점에서 가구를 찾지 않겠어요?

새로 만든 교습 공간은 잠재력으로 가득 채워져 있다.

따뜻한 느낌의 나무와 활기 있는 색으로 가득한, 밝고 차분하고 개방적인 교습 공간.

## 어떤 사람들이 만들고 활기를 불어넣었나요?

우리의 크리에이티브 팀은 유기적으로 구성되어 있고 늘 변화합니다.
처음에는 직원(당시 단 두 명의 직원이 있었습니다), 두어 명의 이사회 멤버,
헌신적인 자원봉사자들 중 디자인에 대한 안목이 있는 사람이 주도했습니다.
우리는 커피숍에 앉아 바다 괴물과 비행선에 대해 대화하고, 쌍둥이가
서로에게 어떤 식으로 장난을 칠지에 대해 이야기했습니다. 아마 남들 눈에는
정신이 나간 사람들처럼 보였을 거예요. 그럼에도 예술가, 건축업자, 친구
들에게 우리의 생각을 설명했습니다. 사실 이야기를 들으려는 모든 사람에게
우리의 계획을 말하고 다녔습니다. 팀을 만들고 목표를 위해 일하는 것은 그
자체로 일종의 탐색과 발견의 과정이었고, 때로는 우리 스스로가 이런저런
아이디어로 티격태격하는 쌍둥이처럼 느껴지기도 했죠. 엉뚱한 계획을 다
수용하고 또 마지막 순간에 전구처럼 반짝하는 깨달음의 순간을 즐기며
기꺼이 프로젝트에 참여해 준 프레쉬 스타트 빌더스Fresh Start Builders와
불혼 크리에이티브Bullhorn Creative를 만난 것은 정말 행운이었습니다.

**이곳을 만드는 데 비용을 줄일 수 있었던 방법은 무엇인가요?**

센터를 준비하는 과정에서, 작업의 범위나 유형에 따라 예산을 어떻게
책정해야 하는지 전혀 알지 못했습니다. 일단 관리가 용이하도록 모든 작업을
세분화하려고 노력했습니다. 그 덕분에 다양한 방법으로 비용을 절감할 수
있었죠. 예를 들어, 온라인 소매점, 부동산, 달러 상점, 벼룩시장 등을
둘러보면서 예산 내에서 감당할 수 있을 만한 인테리어 소품을 찾았습니다. 또
영화 촬영지나 판매용 주택의 인테리어 디자이너로 일하는 자원봉사자와
긴밀히 협력했죠. 그녀는 우리가 원하는 분위기를 이해했고, 그 이해도는
작업을 하는 데 있어 절대적으로 중요했습니다. 게다가 그녀는 자신의 일
때문에 물건을 구하러 다닐 때, 우리에게 필요한 물건도 함께 찾아 주었습니다.
이 공간은 우리의 비전을 잘 이해하고, 목공 및 기계 설비 또는 예술적인
부분에 뛰어난 기술을 보유한 자원봉사자들이 만든 셈입니다. 특히 인테리어
디자인 회사를 운영하고 있는 자원봉사자는 센터를 완전한 공간으로 만드는
데 매우 중요한 역할을 했습니다.

　　　폐업 세일을 하는 창고에서는 가구와 장비를 저렴하게 팔지만, 물건을
잘 골라야 합니다. 기부 행사를 열고 기부함을 두어 물품을 구하는 것도
괜찮습니다. 우리도 이런 행사를 통해 다이어리, 펜, 작은 필기용품 등을 얻을
수 있었거든요. 상품을 만들 때는 지역 내에서 대량 생산이 가능한 티셔츠
인쇄업체나 인쇄소를 찾아보는 것이 좋습니다. 무료로 라벨 제작 작업을 해줄
수 있는지 디자인 회사의 소셜 미디어에 문의하거나 웹 사이트
〈Canva.com〉을 활용해 보세요. 아니면 인스타그램에서 좋아하는 현지
아티스트를 찾아, 아트 상담 위원회 멤버로 참여할 의향이 없는지 물어보는
것도 고려하길 바랍니다. 그들이 스스로를 지역 공동체의 일부라고
생각한다면 무료로 참여해 줄 가능성이 크거든요.

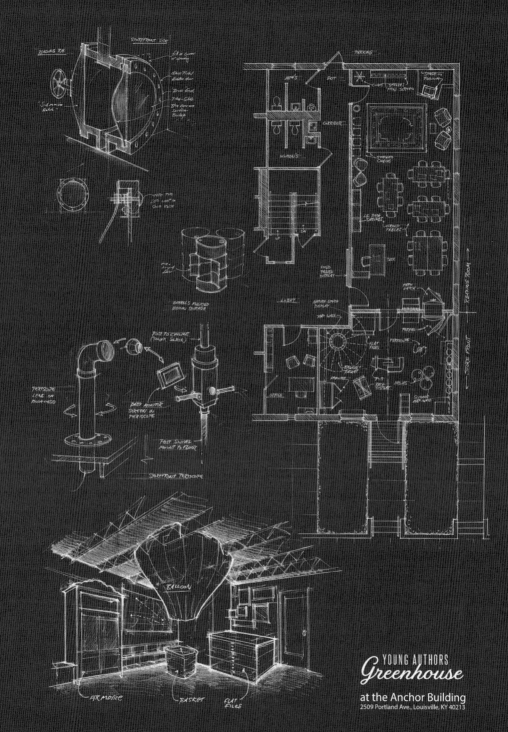

YOUNG AUTHORS
*Greenhouse*

at the Anchor Building
2509 Portland Ave., Louisville, KY 40213

조나단 브래넌Jonathan Brannon이 그린 내부 디자인 스케치.

학생들이 음악가 타이론 코튼Tyrone Cotton과 짐 제임스Jim James의 도움으로
음악적인 경험을 하고 있다.

정반대 상점에는 실제 열기구용 바구니가 있다.

기쁘게도, 앞서 나온 〈캔에 든 중력〉 제품의 해독제도 있다.

설립 연도: 2015년
디자인: 저스틴 카더, 타비아 스튜어트
면적: 2,144평방피트(60평, 199제곱미터)
주소: 2301 텔레그래프 애비뉴, 캘리포니아 오클랜드

**CHAPTER 510 & THE DEPT. OF MAKE BELIEVE**

# 510 지부 앤
# 환상 현실화 본부
Chapter 510 & the Dept. of Make Believe

## 캘리포니아 오클랜드

그림은 글쓰기에 영감을 주는데, 또 그 반대이기도 하다.

### 환상 현실화 본부는 어떻게 만들어졌나요?

학생이나 지역 주민들이 글쓰기 센터로 들어올 때, 마법처럼 신비로운 느낌의 입구를 통과하도록 만들고 싶었습니다. 센터의 테마가 〈마법의 관료제〉이니까요. 테마의 기원이 되는 이야기는 이렇습니다. 이곳은 한때 아주 고리타분하고 지루한 행정 조직(업무 계획 A-Z: 〈2013년 이후로 지루한 것을 더 지루하게〉)이었으나, 관료들이 이에 반발하여 보다 마법적인 조직으로 거듭나기 위해 시위를 했습니다. 이후 오클랜드와 타협하여 마법의 관료제로 개편했으며 부서의 명칭을 〈환상 현실화 본부The Dept. of Make Believe〉로 바꾸고, 〈서류 작업〉이라는 단어의 의미도 〈510 지부를 통해 학생들이 쓴 책을 출간한다〉라는 뜻으로 변경하게 되었습니다.

사람들이 이곳에 들어와, 관료제 같은 분위기에 빠져들었다가
신비하고 마법적인 요소를 보고 미소를 지으며 〈이곳은 뭐 하는 곳이지?〉 하며
궁금해하기를 바랐습니다(실제로 99.9퍼센트의 경우 그런 반응을 보입니다).
무엇보다도 그들이 어디에서 왔든, 어떤 존재든, 두 살이든 혹은 아흔아홉
살이든 상관없이, 환영받고 마음껏 꿈꾸고 인정받는다는 느낌이 들고, 동시에
지금 그들의 모습 그대로 창의적이고 용감한 인간으로 행동할 수 있는 공간을
만들고 싶었습니다.

흥미로운 상호명과 방문자를 환영하는 간판은 지역 주민을 공간 안으로 이끈다.

### 마법의 행정 부서는 어떻게 디자인했나요?

우선 보통의 행정 업무를 담당하는 사무실에서 일상적으로 볼 수 있는 지루한
사무용 가구, 다양한 형태와 크기의 서류 캐비닛, 복잡한 사무 절차 안내서,
번호 정렬 체계, 세 통의 세부 양식과 같은 기본적인 요소부터 갖추기
시작했습니다. 그다음 예전 부서에서 쓰고 남은 지루한 업무 용품의 위와 아래,
사이사이에 마법적인 물건을 켜켜이 채워 넣었습니다. 예를 들어, 가지고 놀
수 있는 모래, 작은 조각상으로 가득 차 있는 가구, 천장까지 쌓여 있는 환상
현실화 허가증, 특색 있는 이름의 관할 분과, 꿈을 꾸도록 도와주는 이상한
제품, 그리고 제일 중요한 학생과 아이들이 사랑하는 작가들이 쓴 책 등을
말이죠.

## 510 지부는 어디에서 영감을 받았나요?

책이나 영화에 나오는 마법적 사실주의*를 포함해서 많은 곳에서 영감을
받았습니다. 마법 사회의 관료제를 잘 표현한 『해리 포터』 시리즈는 물론,
부조리주의, 플럭서스**, 다다이즘***, 수잔 오말리Susan O'Malley의
진심을 담은 작품에서도 영감을 받았습니다. 하지만 그중에서도 오클랜드
지역 자체가 가장 큰 영감의 원천이었죠. 우리는 오클랜드의 주력 관광 상품
중 하나인 페어리랜드 테마파크는 물론 도시의 반체제적인 레지스탕스
역사와 문화, 그리고 순수한 마법이라는 테마를 적용하고 싶었습니다.


## 어떤 사람들이 만들었나요?

2014년 두 명의 공동 설립자 자넷 헬러Janet Heller와 타비아 스튜어트Tavia
Stewart가 이곳의 아이디어를 고안해 냈습니다. 빅뱅처럼 환상 현실화
본부라는 개념에 안착하게 된 정확한 순간은 잘 모르겠지만, 510 지부를 위한
기금 마련 캠페인 〈꿈을 현실로 함께 이루자〉가 계기가 되었죠. 얼마 지나지
않아 환상 현실화 본부에 대한 아이디어가 탄생했으며, 독창적인 디자인과
제품 구상에 도움을 받기 위해 현지의 훌륭한 서점 주인 저스틴 카더Justin
Carder(826 발렌시아의 해적 상점 창안자 중 한 명)를 영입했습니다.
　　　카더는 지역 공동체에 속한 100여 명을 초대하여 하룻밤 동안 아이디어
회의를 진행하는 〈디자인 파티〉를 여는 일을 도와주었습니다. 디자인 파티에
참석한 학생, 부모님, 선생님, 디자이너, 창의적인 괴짜, 모든 분야의 아티스트
들은 몇 개의 소그룹으로 나누어, 마법적 행정 조직에 필요한 요소를
찾았습니다. 우리는 그렇게 만들어진 아이디어 목록에서 가장 마음에 드는
것을 골랐고, 마침내 첫 번째 제품군과 상호 작용을 위한 요소를 선보일 수
있었습니다. 그때 만든 아이디어 목록은 아직 가지고 있는데, 그 안에는
소망과 기부를 보내는 기송관 제작이나, 학생들의 시를 들을 수 있도록
부서마다 전화를 설치하는 방안 등 우리가 나중에 추가하고 싶은 것도 있죠.

---

*　실제와 환상적인 내용을 혼합하여 글을 쓰는 방식. 마술적
　사실주의라고도 한다.

**　1960년대 초부터 1970년대 초까지의 모든 예술은 의도적이고 인위적이라는
　사고를 바탕으로, 반예술적이고 실험적인 운동을 펼친 예술가 집단.

***　모든 사회적·예술적 전통을 부정하고 반이성·반도덕·반예술을 표방한 예술
　운동.

디자인의 기본이 된 아이디어는 〈책상에 엎드려 잠든 관료의 꿈〉이다. 게시판에는 〈마술적 사실주의과, 환상적 미래과,
무의식적 디자인과, 초인적 자원과, 비현실적 조사과, 소망 및 기술과, 수면과 꿈과, 현실과 동떨어진 아이디어과, 가상의 토지
이용과〉 등 이곳의 분과가 쓰여 있다.

## 이곳을 만드는 데 필요한 예산은 얼마였나요?

상점을 만드는 데 2만 달러가 들었습니다. 상점을 여는 일에 대해서는 아는 바가 별로 없지만, 이 정도면 아주 적은 비용이라고 생각합니다. 이곳의 모든 가구는 폐점하는 벤츠 대리점에서 기증받았습니다. 뿐만 아니라 오래된 책상, 서류 캐비닛, 1980년대의 전화기, 타자기, 초현실적으로 보이는 선인장도 얻었죠. 옷이나 포스터의 경우 전문적인 방식으로 인쇄했지만, 다른 제품들은 자체적으로 만들었습니다. 동네에 있는 사무기기 업체에서 프린터를 빌리고, 글루 건을 두어 개 사서 열심히 작업했죠. 이때 카더가 디자인 작업에 아주 많은 시간을 할애해 주었습니다. 이곳에 있는 대부분의 항아리, 튜브, 기타 포장재는 율린Uline*에서 주문한 것이며, 개점 전까지 자원봉사자들이 손수 제품을 조립하고 포장했습니다. 요약하자면 이렇습니다. 〈기증된 가구+율린의 상품 카탈로그+풀+임대 프린터+소기업 대출 2만 달러=매장 개점!〉

유동 인구가 많은 지역이 아니라면, 수익에 맞추어 운영하고 돈에 대한 기대치를 되도록 줄이는 편이 좋습니다. 상점을 유지하고 관리하는 일은 쉽지 않으며, 상점의 콘셉트를 가진 물품과 셔츠를 판매한다고 해서 대단한 수익이 발생하지도 않거든요. 센터가 하는 일은 그리고 우리에게 해주는 일은 워크숍이나 견학을 위해 이곳을 찾는 아이들 하나하나에게 경이감을 전하는 것입니다. 또 매달 열리는 오클랜드의 〈첫 번째 금요일 페스티벌〉을 통해 한 달에 한 번 이곳을 방문하는 사람들에게도 놀라움을 선사해야 하죠. 비록 아직은 상점의 판매 목표를 달성하지 못했지만, 자원봉사자의 80퍼센트 이상은 여러 가지 이유와 기회로 상점에 들어왔던 사람들이고, 이 사실은 글쓰기 센터의 미래를 위한 훌륭한 도약대입니다.

---

*　미국의 배송용 포장재 및 상자 공급 회사.

이곳을 통해 지역 공동체에 다가가고, 그들을 환영하고, 그들에게 당신이 누구인지 또 당신이 소중하게 생각하는 것이 무엇인지 보여 주고, 그리고 그들이 어떻게 참여할 수 있는지 알려 줄 수 있습니다. 대부분의 비영리 단체는 사무실 건물과 웹 사이트에만 존재합니다. 하지만 대중을 직접 만날 수 있는 창구를 만들면, 당신의 공동체를 사람들에게 연결하고 동시에 그들도 당신의 공동체에 포함되었다고 느끼게 됩니다.

### ① 나만의 포일 모자 만들기
디자인: 저스틴 카더

유령, 중앙 정보국(CIA)의 극비 라디오 채널, 부지불식간에 받은 사돈의 제안, 말하는 나무, 개, 그 외의 것으로부터 오는 원치 않는 소음과 소통을 막기 위한, 당신의 두개골에 꼭 필요한 모자이다. 고품질의 알루미늄 포일 한 조각이 들어 있다. 이 제품을 머리에 두르면 기억력을 보존하고 소음의 굴절을 최대화할 수 있으며, 극대화된 스타일도 얻을 수 있다.

### ② 기억력 향상기
디자인: 저스틴 카더

각각의 패키지에는 한 가지 길이의 끈이 들어 있다. 중요한 것을 기억해야 할 때 그것에 대해 아주 열심히 생각해 보고, 그것을 생각하는 동안 이 끈을 손가락에 묶으면 된다. 그러면 이 끈을 볼 때마다 기억하고 싶은 것이 무엇이었는지 다 기억난다. 아마 대부분의 경우에는 효과가 있을 것이다.

### ③ 소원 확장 용기
디자인: 저스틴 카더

나중에 힘든 일이 생겨 최대 용량의 소원이 필요한 경우를 대비해, 지금 특허 출원 중인 소원 확장 용기를 구비해 두자. 단, 너무 많은 소원을 바라면 대체로 위험이 따르기 마련이다. 신중히 사용할 것.

### ④ 영감
디자인: 저스틴 카더

다음과 같은 상황을 위해 사용할 것: 쥐덫을 더 잘 놓고 싶을 때, 바퀴를 다시 발명할 때*, 쥐덫을… 어, 바퀴 달린 쥐덫? 바로 그거야! 바퀴 달린 쥐덫! 좋아! 좋아! 아주 좋은 생각이야! 누가 어디에다 좀 적어 놔.

---

\*  이미 성공적으로 잘 만들어진 물건을 다시 고안하느라 쓸데없는 시간을 허비하는 일을 일컫는다.

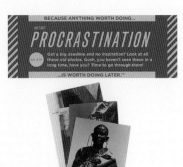

### ⑤ 휴대용 평온

디자인: 저스틴 카더

휴대용 평온의 뚜껑을 열면 보다 깊은 숙면을 하는 데 필요한 평온을 충분히 얻을 수 있다. 휴대용 평온은 일반 크기 제품보다 고요한 소리가 적게 들어 있다는 점을 참고할 것.

### ⑥ 꾸물거림

디자인: 저스틴 카더

마감일이 촉박한데 영감이 안 떠오른다고? 그렇다면 집을 청소해야 할 때다. 오래된 사진과 양말 서랍은 무조건 정리해야 하고, 이메일도 잔뜩 쌓여 있을 것이고, 아직 못 본 방송도 많고, 그리고….

### ⑦ 요새 지붕

디자인: 저스틴 카더

요새에서 할 수 있는 일: 책을 읽어도 좋고, 영화를 보거나 비밀 계획을 수립할 수도 있다. 잠복을 하고, 멍을 때리고, 계획을 세우고, 음모를 꾸미거나 공모하고, 몸도 좀 만들고, 잠시 쉬는 시간을 누리고, 고양이와 시간을 보내고, 명상을 하고, 속닥거리고, 무대 위에서 방백도 하고, 그리고 그 외의 많은 것을 할 수 있다.

### ⑧ 건조 용기(勇氣)

디자인: 저스틴 카더

위기가 닥쳤을 때 이 제품에 물을 추가하면 즉석에서 용기를 얻을 수 있다. 행운을 빈다.

826 NEW ORLEANS

설립 연도: 2010년
디자인: 원 투 원 디자인의 찰스 존스
면적: 4,400평방피트(123평, 408제곱미터)
주소: 1750 세인트 버나드 애비뉴, 루이지애나 뉴올리언스

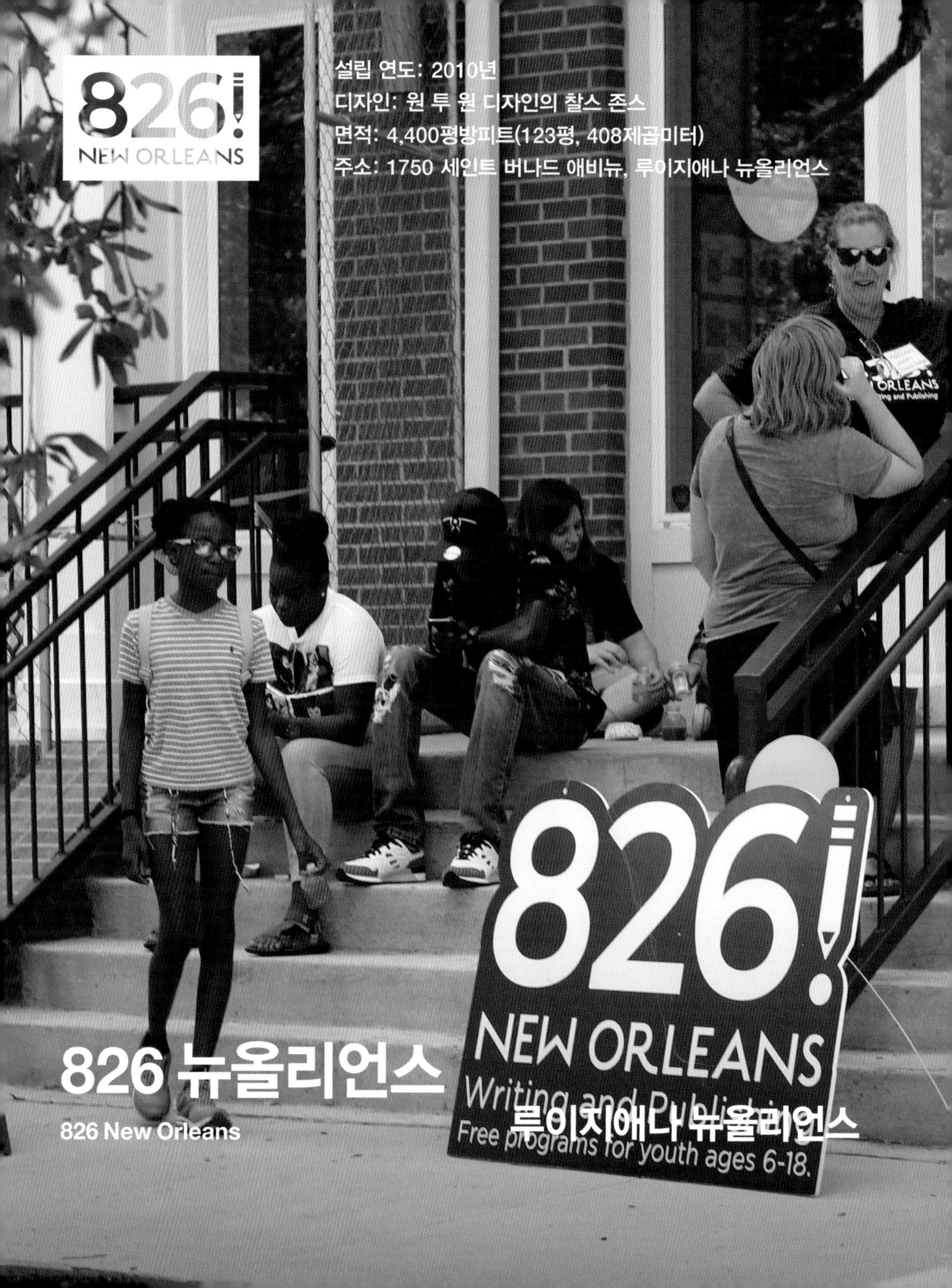


# 826 뉴올리언스

826 New Orleans

루이지애나 뉴올리언스

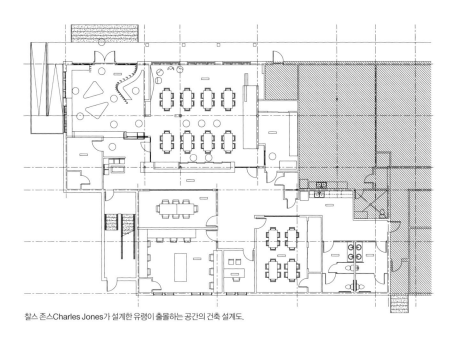

찰스 존스Charles Jones가 설계한 유령이 출몰하는 공간의 건축 설계도.

## 826 뉴올리언스는 어떻게 만들어졌나요?

우리는 원래 교실 프로그램을 진행하는 단체였습니다. 학생들이 글쓰기에
흥미를 느끼게 만들고 싶었고, 교육에 대한 접근 방식을 조금 더 넓히고
싶었습니다. 그러다 청소년들을 위한 창의적 공간의 중요성을 인식하게 되어
예술 집단 안테나Antenna에 합류했습니다. 그들은 메인 애비뉴에 글쓰기
센터(1층)와 갤러리(2층)로 구성된 공간을 가지고 있었고 우리는 그곳에서
교육 프로그램을 개발했습니다. 집이나 학교는 아니었지만, 학생들은
그곳에서 창의적인 작업을 편안하고 안전하게 할 수 있었죠. 우리는 수업
계획에 빅북* 요소를 도입하고 작가를 영입하는 데 초점을 맞추었습니다. 그
지역은 매달 둘째 주 토요일마다 갤러리 크롤** 이 열려서 많은 유동 인구가
유입되는데, 이 점은 우리가 프로젝트를 진행하는 데 있어 무척 유리하게

---

\*   Big book. 아이들의 글에 대한 이해도를 높이기 위한 교육 방법.
\*\*  여러 갤러리를 돌아다니며 구경하는 것.

작용되었습니다. 지역 공동체에 학생들의 작품을 보여 줄 수 있는 기회가
있다는 의미였으니까요.

　　반면에 상점이 없다는 것은 단점이었습니다. 정문을 열면, 중간에
공간적으로 완충이 되는 부분 없이(우리는 사실 그런 공간이 있기를
바랐습니다) 바로 글쓰기 센터가 드러났습니다. 그래서 이전을 하고, 브랜드를
변경하고, 826 네트워크에 합류하기로 결정했습니다. 전국의 826 학생들처럼
이 지역의 학생들도 광범위한 혜택을 받기를 원했거든요. 우리는 다른 826
지부들을 통해 배우고 또 그 네트워크 안에서 여러 가지를 공유하면서, 이곳을
성공적으로 운영할 수 있었습니다. 826 네트워크는 이런 공간을 만드는 데
필수적인 지원을 제공하는 훌륭한 공동체입니다.

826 뉴올리언스는 수백여 명의 학생이 도보로 오갈 수 있는 거리에 있다.

지역 공동체와 협력 관계를 구축하는 것은 이 공간을 만드는 데 아주 필수적인
요소이다.

## 이곳은 어떻게 만들어졌나요?

이전을 결정한 다음, 도심에 버려져 있던 장소를 개발하느라 1년이라는
시간을 보냈지만 결국 무산되었습니다. 그 후에 뉴올리언스를 비롯해 많은
미국의 문화가 발생한, 유서 깊은 세븐스 워드 지역에서 적합한 장소를
발견했습니다. 이곳은 저소득층을 위한 주택 개발이 예정된 공터였습니다.
개발 계획에 약 126평의 소매 상업 지역도 포함되어 있었죠. 그 기회에
뛰어들어 보기로 했고, 우리의 목적에 맞는 공간을 최적화하기 위해 건축가와
협력했습니다. 우리는 지역 공동체의 주민들을 환영하는 분위기를 표현하고
싶어서, 개발 회사에 입구로 향하는 계단을 넓게 만들어 달라고 요청했습니다.
또한 건물 주변에 벽화를 그려도 좋다는 승인을 얻었고, 약 3층 높이의 벽화를
구상하고 있답니다.

    이곳은 여러 가지 이유로 좋은 위치입니다. 도시의 중심인 데다 열네
곳의 공립 학교로부터 반경 2마일 이내에 위치해 있어 접근성이 뛰어납니다.

내부 디자인은 학생들이 〈유령 용품점Haunting Supply Co.〉에 들어서는 순간부터 매력을 느낄 수 있도록 신경 썼습니다. 현재는 글쓰기 센터로 들어가는 여닫이문이 있지만, 나중에 책장처럼 보이는 비밀의 문으로 바꿀 예정이죠. 두 개의 교실에는 모두 벽 크기만 한 칠판이 있고 종이로 만든 아름다운 나무 조형물도 있습니다. 글쓰기 연구실은 무대와 책장, 흥미로운 분위기를 가진 휴식 공간 등 여러 가지 인상적인 구조물로 가득 차 있어 아늑한 느낌을 전합니다. 출판실에서부터 상점까지 거대하게 펼쳐져 있는 춤추는 유령의 벽화에는 〈출판의 정신〉이라는 메시지가 적혀 있습니다.

자다가 발작을 일으키는 사람들을 고정시키기 위한 벽돌은 장인이 만든 것이다.

생전에 미처 끝내지 못한 일을 적는 메모장이다. 안내문에는 〈사후 세계를 위한 할 일 목록〉이라고 쓰여 있다.

유령 용품점에서는 유령이나 귀신과 같은 존재를 위한 옷과 물건을 판매한다.

## 유령 용품점에 대한 아이디어는 어디에서 얻었나요?

지금의 장소로 이전하기 전에, 우리는 센터의 장래를 함께 만들어 나가기 위해
학생들과 수많은 워크숍을 진행했습니다. 최선을 다해서 학생들의 의견을
반영하고 싶었습니다. 그들은 826에 합류하는 것과 상점의 테마를 정하는
것에 있어 중요한 역할을 했죠. 우리는 그들에게 826 지부들의 사진을 보여
주었고 그들은 상점의 토대가 될 만한 개념에 대해 브레인스토밍 방식으로
의견을 나누었습니다.

　　　마디 그라\*, 부두교 및 음악과 같은 아이디어도 고려했지만, 무엇보다
뉴올리언스와 관련된 주제를 원했기 때문에 선택하지 않았습니다. 또 센터의
배경이 될 만한 이야기를 만들어 낼 수 있는 가능성이나 글쓰기 혹은 작가의
〈정신〉\*\*이라는 의미에서 생각했을 때, 아이들 사이에서 가장 큰 호응을
불러일으킨 주제는 〈유령〉이었습니다. 이곳의 상품 역시 대부분 학생들의
워크숍에서 시작되었죠. 그중 유령이 물리적 영역과 상호 작용할 수 있도록
만드는 〈신체 가루〉는 가장 인기 있는 상품입니다.

　\*　　Mardi Gras. 사순절 직전에 나흘 동안 열리는 축제.
\*\*　　여기서 〈정신〉이라고 번역된 단어는 〈spirit〉이다. 영어로는 유령, 넋, 정신이라는
　　　의미도 있기 때문에, 유령이라는 주제가 자연스레 떠오르게 된 것이다. 앞서
　　　유령의 벽화에 〈출판의 정신〉이라고 쓰여 있는 이유도 이 때문이다.

## 공간을 디자인하고 개발할 때 어떤 사람들이 관여했나요?

교사와 학생들이 참여한 디자인 워크숍을 통해, 이 공간에서 어떤 일을 해야 할지에 대한 가장 중요한 조언을 얻었습니다. 원 투 원 디자인One to One Design의 건축가들은 우리가 상상할 수 있는 것 이상으로 많은 일을 해주었습니다. 인테리어 시공업체 페리에 에스쿼레Perrier Esquerré 역시 아주 훌륭했습니다. 센터를 만드는 과정과 전체적인 청사진을 이해하는 데 있어, 운 좋게도 부동산 중개인이자 선구적 안목을 가진 도시 개발자 알렉산드라 스트라우드Alexandra Stroud의 도움을 받을 수 있었습니다. 그것도 무료로 말이죠.

**이곳을 예산 내에서 만들 수 있었던 비결은 무엇인가요?**

이곳을 만드는 데 참여한 모든 사람은 원래의 비용에서 반 정도밖에 안 되는 비용이나 혹은 아주 저렴한 비용으로 작업해 주었습니다. 또 유령 관련 상품을 기꺼이 만들어 주는 디자인 모임도 있었죠. 이렇게 우리의 프로젝트에 흥미와 열정을 보이는 예술가들과 돈독한 협업 관계를 맺었습니다. 우리는 예산 문제에 지나치게 야심 차고 일반적으로 돈 문제와 관련해 무척 낙천적이었지만, 다행히 필요한 비용을 충당할 수 있었습니다. 한편 필요한 비용만큼의 기금을 마련하지 못했을 경우를 대비한 차선책을 세우는 데 건축가와 디자이너들이 도움을 주었습니다. 마지막 순간에 허둥지둥하지 않을 수 있는 차선책이 있다는 사실에 안심할 수 있었죠.

　　　상당한 비용이 드는 프로젝트를 어느 정도 간격을 두고 실행하는 것 역시 꽤 효과적인 전략입니다. 우리는 우선 가장 기본이 되는 필수적인 일을 해치우고 나서, 이 야심찬 계획에 남은 예산을 어떻게 분배할지 살폈습니다. 그러다 보면 뜻밖의 일도 일어납니다. 예를 들어, 처음에는 예산이 너무 부족해서 글쓰기 연구실에 두 번째 교실의 벽을 만들지 않을 작정이었습니다. 하지만 후원자가 생겼고 덕분에 벽은 물론 방음 장치까지 설치할 수 있었답니다.

인간과 여러 유령이 이곳의 상품을 소개한다.

저스트 버펄로 문학 센터

Just Buffalo Literary Center

설립 연도: 1975년
벽화 디자인: 줄리안 몽테뉴
면적: 2,500평방피트(70평, 232제곱미터)
주소: 468 워싱턴 스트리트, 2층, 뉴욕 버펄로

뉴욕 버펄로

학생들은 누군가가 시를 주문하면 어린 작가가 시를 지어 주는 〈주문 제작 시〉 시스템을 정말 좋아한다.

## 저스트 버펄로 문학 센터의 물리적 공간은 어떻게 이루어져 있나요?

센터는 버펄로 시내에 위치해 있으며, 네 개의 커다란 창문이 있는 넓고 개방된 내부는 놀라울 정도로 밝은 자연 채광으로 채워져 있습니다. 진지한 놀이*가 가능한 아주 매력적이고 활기찬 곳이죠.

이곳에는 작품을 쓰는 데 사용하는 도구이자 문학과 예술이 혼합된 설치 예술을 보여 주는 상징적 물건인 타자기가 있습니다. 우리는 다양한 타자기를 만지고 사용해 보기 위해 들어오는 모든 사람을 환영합니다. 타악기처럼 즐거움을 선사하는 타자기는 어린 작가들이 더 느긋한 마음을 가지도록 만들고, 이로써 그들은 글쓰기의 묘미와 까다로움을 동시에 깨닫게 되지 않을까요?

> \*   Serious Play. 진지한 목적을 위해 놀이를 한다는 의미이며, 여러 종류의 작업 환경에서 복잡한 문제 해결의 수단으로 사용되는 재치 있고 혁신적인 방법을 일컫는다. 요즘에는 학계나 문학계에서도 가능성, 판단으로부터의 자유, 결과보다는 과정 등을 중요하게 여기면서 장난스러운 분위기가 창의성과 혁신적인 아이디어를 키울 수 있다는 의견이 있다.

## 어떤 종류의 프로그램이 있나요?

글쓰기 센터의 주요 목표는 열두 살부터 열여덟 살 사이의 청소년들과 작업하는 것이지만, 성인을 대상으로 작사에서부터 회고록, 소설에 이르기까지 모든 분야에 걸친 작문 워크숍도 제공합니다. 또 뉴욕 서부 전역에서 다양한 교내 작문 프로그램도 진행하고 있죠. 우리는 교육자들을 비롯해 보다 큰 공동체에 글을 쓸 수 있는 기회를 주는 것은 물론, 어린 초등학생들을 위한 프로그램까지 포괄하는 환경을 만들기 위해 공간을 개조하는 과정에 있습니다.

교육 프로그램 외에도 뉴욕 서부 지역의 주민들과 교류하고 그들에게 영감을 주기 위한 다양한 문학 행사를 주최합니다. 세계에서 가장 큰 영향력을 지닌 작가 네 명을 버펄로로 초대하는 〈바벨〉이 대표적인 행사죠. 그리고 시와 관련된 행사 〈스튜디오〉, 여름마다 95년이나 된 39.6미터 높이의 거대한 곡물 저장고 안에 모여 시를 낭독하는 행사 〈사일로 시티 낭독〉도 있습니다.

자원봉사자가 코믹 북 워크숍을 진행하고 있다.

학생들은 워크숍에서 수작업으로 만든 여러 권의 잡지를 결과물로 얻는다.

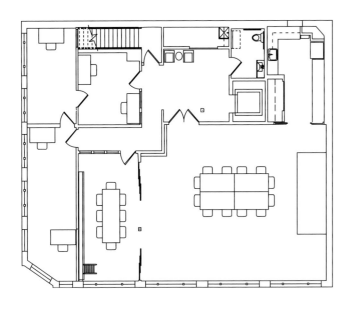

**재정적으로 문제없이 유지될 수 있는 비결은 무엇인가요?**

자금의 상당 부분은 보조금과 재단에서 나옵니다. 카운티와 시에서도 지원을 받고 기부금도 넉넉합니다. 우리에게는 보조금 유치를 담당하는 책임 관리자가 있으며, 그는 아주 훌륭한 지휘자이자 대단한 야심가이며 노력가입니다. 항상 긍정적인 에너지를 가지고 모든 면에서 최선을 다하거든요. 또 학생들을 가르치는 예술가와 작가들로 이루어진 공동체가 없었다면, 이곳은 존재할 수 없었을 것입니다.

**이런 공간을 만들고 싶어 하는 사람들에게 해줄 수 있는 조언이 있다면 무엇인가요?**

무조건 그냥 시작하시길 바랍니다. 이런 공간은 정말 필요하거든요. 창의적인 공간은 많으면 많을수록 좋습니다. 예술을 경험할 수 있는 공간, 또 어린이들이 목소리를 낼 수 있는 기회를 진지한 태도와 방식으로 제공하는 공간을 가진 공동체는 흔하지 않습니다. 그래서 아주 많은 사랑과 노력을 들여, 창의적인 공간을 만들라고 조언하고 싶습니다. 그 공동체가 점점 자라나 세상을 바꿀 만큼 성장하게 될지도 모릅니다.

벽화의 경우, 줄리안 몽테뉴Julian Montague가 디자인했으며 예임스 모펫Yames Moffett이 설치했다.

도서관에서 열리는 행사는 지역 사회와 활발히 교류할 수 있도록 해준다.

뫼비우스 띠 모양의 타자기 테이프가 천장까지 뻗어 있다.

라 그란데 파브리카 델 파롤

La Grande Fabbrica delle Parole

설립 연도: 2009년
디자인: 리어나도 라술로, 프란체스카 프레디아니
면적: 1,044평방피트(29평, 96제곱미터)
주소: 알자이아 나비글리오 파베스, 1620143 이탈리아 밀라노

이탈리아 밀라노

대부분의 디자인 요소는 아이들과 진행한 워크숍의 결과물이다.

**라 그런데 파브리카 델 파롤의 목표는 무엇인가요?**

글쓰기란 의식이 머무는 공간이며 그 공간이 아주 아름답다는 사실을
어린이들에게 알려 주고 싶습니다. 그것이 이곳의 출발점이었습니다.
어린이들이 교습 센터 안에서 편안하기를, 책상으로부터 벗어나 완벽하게
안락한 곳에서 자유롭게 행동하기를 바랐습니다. 그들이 센터에 발을 들이는
순간부터 무엇이든 마음껏 창조하거나 창작할 수 있는 공간이라는 느낌을
받기를 바랐습니다. 또 이곳이 노트북을 펼치고 각자의 방식대로 머물며 글을
쓸 수 있는 공간이 된다면 더할 나위 없겠죠.

로고가 적힌 열기구도 있다.

**이곳에 필요한 자금은 어떻게 마련했고, 이곳을 어떻게 꾸몄나요?**

센터를 현실화하면서, 꿈은 많았지만 돈은 별로 없었습니다. 특히 초반에는
인테리어 디자이너나 건축가를 고용하는 것도 불가능했습니다. 826과 사랑에
빠져 2009년에 센터를 처음 열었을 때만 해도 이탈리아에는 비슷한 공간이나
프로그램이 없었습니다. 새로운 모험과 도전의 연속이었죠. 하지만
우리에게는 꿈이 있었고, 자원봉사자들도 있었으며, 창의성까지 있었습니다.
게다가 종이도 꽤 있었고요.

　다 함께 힘을 합쳐 공간을 가득 채울 만한 재미있고 신기한 요소를
만들기 시작했습니다. 예를 들어, 판지 조각은 천장에 매달려 있는 단어를
위한 구름이 되고, 빨간색과 노란색 종잇조각은 이야기가 적힌 날개가 되고,
아주 긴 플로터용 종이 두루마리는 무한한 이야기를 쓸 수 있는 도구가 됩니다.
디자인 요소의 일부는 우리의 전통이 된, 1년에 한 번씩 열리는 특별한 아침
모임 〈예술의 공격〉에서 탄생한 것입니다. 그 모임에서는 아침에 커피와
크루아상을 먹고 음악을 튼 다음, 종이, 가위, 풀, 그림 재료를 바닥에
늘어놓고서 새로운 장식을 만들며 즐거운 시간을 보낼 수 있죠. 아이들이
참여하는 워크숍에서 디자인 아이디어가 나오기도 합니다. 이탈리아 작가
이탈로 칼비노Italo Calvino의 책 『보이지 않는 도시들Invisible Cities』
워크숍에서 탄생한 환상적인 〈종이 도시들〉도 그중 하나입니다.

　나중에는 더 많은 예산을 조달했지만, 우리가 그동안 공간을 직접 꾸며
온 방식이 가장 우리답다고 생각했습니다. 창의력으로 인해 종이 한 장이 또
다른 하나의 세상으로 변할 수 있다는 것을 보여 주기 때문이죠. 글쓰기도
바로 그런 역할을 합니다.

시간이 지나면서 공간을 이루고 있는 대부분의 요소가 변했지만, 2009년 이래로 그대로인 물건도 한 가지 있습니다. 바로 노인 자원봉사자 마리엘라Mariella가 만든, 센터의 로고가 적혀 있는 열기구입니다. 훌라후프 세 개, 금속 옷걸이 두 개, 작은 피크닉 바구니 한 개, 주로 겨울에 식물의 뿌리가 얼지 않도록 덮을 때 사용하는 천만 있으면, 언제든 다시 쉽게 만들 수 있죠.

마스코트 달팽이 역시 이곳에서 절대 없어지지 않을 물건입니다. 아이들은 이탈리아에서 아주 유명한 예술가 단체인 크래킹 아트Cracking Art가 만든 커다랗고 빨간 플라스틱 달팽이에 기어오르거나 앉는 것을 좋아합니다. 이 달팽이에 얽힌 일화가 있습니다. 우리의 센터는 밀라노시가 소유한 시민 회관 1층에 위치해 있는데, 이곳에서는 예술가들의 전시회가 자주 열립니다. 어느 날 센터를 정리하다가, 우연히 안뜰에서 달팽이를 운반하는 사람들을 보게 되었습니다. 거대한 크기와 화려한 색감의 달팽이를 옮기는 작업이 녹록지 않았는지, 그들은 꽤 화가 나 있는 것처럼 보였습니다. 달팽이와 그것과 씨름하느라 지친 사람들의 행렬을 보는 것은 아주 비현실적인 경험이었습니다. 이로써 이곳에 꼭 달팽이가 있어야 한다는 결론을 내렸죠. 우리는 그 달팽이와 관련된 아티스트를 찾아가 이야기를 나누었습니다(그에게 〈이름이 뭐예요?〉라고 묻자, 그는 〈아톰〉이라고 대답했습니다. 이 역시 꽤 비현실적으로 여겨졌습니다). 그는 그의 지하실에 있는 달팽이 한 마리를 기증해 주었습니다. 이제 달팽이는 우리가 진행하는 다양한 활동에 중요한 물건이 되었습니다. 최근에는 반 친구들의 관심이 필요한 한 소년에게 달팽이에 앉아서 이야기를 읽어 보라고 말해 주었습니다. 아이들은 종종 영감을 잃었을 때 달팽이를 찾거든요. 비록 처음에는 적은 예산이 방해물처럼 여겨졌지만, 나중에는 오히려 우리가 스스로 매력적인 것을 만드는 방법을 터득할 수 있는 이유가 되었답니다.

설립 연도: 2014년
디자인: 포르토 델 스토리 직원들
면적: 1,614평방피트(45평, 149제곱미터)
주소: 비아 주세페 주스티, 50013, 캄피 비센지오, 이탈리아
플로렌스

# 포르토 델 스토리

Porto delle Storie

# 이탈리아 플로렌스

학생들의 작품이 선반을 가득 채우고 벽까지 타고 오른다.

학생과 교사들이 카페까지 완비된 활기찬 공간에서 함께 작업하는 모습.

## 포르토 델 스토리의 목표는 무엇인가요?

이곳은 우리가 〈아주 멋진 공간을 만들어야 해. 하지만 어린이들을 위한 장소가 되어서는 안 돼. 10대들은 어린이들의 물건을 못 견뎌 하니까, 아마 도망치고 말 거야!〉하는 대화를 나눌 당시에도 여전히 비어 있는 상태였습니다. 그럼에도 이런 대화를 계속해서 반복했죠.

　　포르토 델 스토리의 첫 번째 정체성은 모든 아이들이 집처럼 편안하게 느낄 수 있는 공간입니다. 심지어 글쓰기를 싫어하고, 이야기를 쓰니 차라리 건물에서 뛰어내리겠다는 아이들까지 포함해서 말이죠. 이곳에는 감자칩, 아이스크림, 탄산음료도 있어서, 보통의 이탈리아 아이들이 좋아하는 대로 아무것도 안 하고 그냥 수다만 떨면서 놀 수도 있습니다. 우리의 두 번째 정체성은 창의적인 공간, 모두가 자유롭게 창작하고 실패의 두려움 없이 이야기를 쓰고 공부를 할 수 있는 워크숍 공간입니다. 누구든지 자신이 쓴 이야기를 읽거나, 벽에 그림을 걸거나, 각자의 휴대폰으로 영상을 만들 수 있죠. 이를 위해 책, 탁자, 사전, 거대한 칠판을 갖추고 있습니다.

　　우리는 이런 대화도 나누었습니다. 〈유명 작가와 학생들이 쓴 책과 이야기로 가득 채운 배를 만들자. 벽 전체 길이만큼 거대한 배를 만들어 보는 거야. 헌 재료를 사용해서 너무 화려하거나 유치해 보이지 않게, 아주 예쁘게 말이야.〉 이것은 아주 좋은 아이디어였죠. 스케이트보드를 즐겨 타는 열세 살 소년 다비드Davide는 이렇게 썼습니다. 〈포르토 델 스토리는 아름다운 곳이에요. 바보 같다거나 유치하다는 소리를 들을 걱정 없이, 얼마든지 자유롭게 공상할 수 있거든요. 우리를 위한 공간이라는 것이 느껴져 정말 마음에 들어요.〉

### 테마와 공간 디자인에 영향을 준 것은 무엇인가요?

이야기나 소설에 나오는 허구적 장소나 세계를 직접적으로 참고하지는 않았습니다. 물론 『해리 포터』 시리즈, 「스타워즈」 시리즈, 마블 코믹스 등 10대들(그리고 성인들까지)이 아주 좋아하는 이야기를 참조하기는 했지만, 이곳이 풍부한 상상력으로 가득하면서도 아주 새로운 세계가 되길 바랐습니다. 학교나 도서관처럼 익숙한 공간과는 완전히 다른 세상이어야 했죠. 아이들이 자신들에게 영감을 주는 세상을 자유롭게 선택할 수 있는 공간을 만들고 싶었기 때문입니다. 아이들이 센터에 들어올 때, 아폴로 11호의 우주 비행사들이 달에 도착했을 때 경험했던 흥분을 느끼기를 바랍니다.

### 이곳은 어떤 사람들이 만들었나요?

작가, 교사, 사진작가, 핀터레스트의 건축가, 요기니*, 이웃 등 우리가 모을 수 있는 모든 사람을 모았습니다. 수년 동안 연락하지 않았던 사람들에게까지 전화를 걸고, 소셜 미디어를 이용해 자원봉사자들을 구했습니다. 2014년 여름, 열 명이 팀을 꾸려, 아이디어를 구상하고 나무를 자르고 가구를 만들고 벽을 칠하기 시작했습니다. 모든 일은 자원봉사자들에 의해 이루어졌습니다.

---

\*　　여성 요가 수행자.

## 필요한 자금은 어떻게 마련했나요?

카페는 〈카페 속에 숨겨진 글쓰기 학교〉에 대한 프로젝트를 발표한 공모전에서 받은 상금으로 지었습니다. 이때는 민간 재단에서 비용을 지불했기 때문에, 사실 우리에게는 결정을 내릴 만한 기회가 거의 주어지지 않았습니다(만약 우리가 원하는 대로 할 수 있었다면 정원에 아폴로 11호의 복제품이나 공룡을 두었을 텐데 말이죠). 하지만 비용을 전혀 들이지 않고 시설이 완비되어 있는 카페와 주방을 마련할 수 있었습니다. 정말 멋지지 않나요?

워크숍 공간을 위한 가구들(테이블, 의자, 선반)은 모두 중고품 매장에서 샀습니다. 또 중고 화물 운반대와 은퇴한 화가의 사다리를 사용해서, 커다란 흰색 배를 만들었습니다. 이 배는 우리의 항해를 지지하고 올바른 방향을 보여 주는 돛대 역할을 합니다. 기부받은 물품이 이곳에서 가장 중요한 요소로 변신한 셈입니다. 혹시 우리의 프로젝트가 잘 안되어도, 화가의 사다리를 활용해 그림 관련 상점을 열 수도 있지 않을까요?

10대들의 엉뚱함을 존중하기 위해서 너무 유치한 요소는 배제한다.

포르토 델 스토리는 중심가에 있는 커피숍 안에 있어서 지역 공동체의 중추 역할을 한다.

# 리틀 그린 피그
## (팝업 교습 센터)

Little Green Pig

설립 연도: 2012년
디자인: 셜록 스튜디오
면적(이빨과 발톱 상점): 376평방피트(10평, 34제곱미터)
면적(브라이트 스타): 861평방피트(24평, 80제곱미터)

영국 이스트 서식스

판지 상자와 농장의 짚 더미는 한 달 동안 열리는 팝업 상점을 틀에 박히지 않은 과외 교습 공간으로 순식간에 바꾼다.

**리틀 그린 피그가 제공하는 작문 프로그램의 바탕이 되는 철학은 무엇인가요?**

우리의 목표는 이 지역은 물론 다른 지역의 어린이와 청소년들에게 모든 형태의 글쓰기를 실험할 수 있고 자신들의 작품을 광범위한 청중과 나눌 수 있는 기회를 주는 것입니다. 특히 가장 빈곤한 지역에 거주하거나 그 주변의 학교에 다니는, 또는 어려운 상황에 처한 어린이와 청소년들을 가장 우선시하죠. 이곳에서 아이들은 작품집을 만들고, 연속극, 라디오 쇼, 영화 등 글에는 어떤 형태가 있는지 배우고, 자신감, 문학적 능력, 의사소통 능력 등의 향상이 얼마나 중요한 결과를 가져오는지 터득하게 됩니다. 자원봉사자, 작가, 예술가, 학교, 가족, 협업자 들과 함께 아이들의 바람과 아이디어에 부응하여 흥미롭고 혁신적이고 우수한 교육 경험을 제공하려고 노력합니다. 그중에서도 창의성과 재미는 모든 일의 핵심입니다.

**팝업 형태를 선택한 이유는 무엇인가요?**

전 세계의 수많은 자매단체와 달리, 우리는 우리가 기반을 두고 있는 카운티 전역에 걸쳐 서비스를 제공하고 싶었습니다. 그래서 센터를 어느 한 곳에 열지 않기로 결정했죠. 프로젝트의 대부분은 아트 갤러리나 수상(水上)에 있는 중국 식당 등을 포함한 교실 밖의 흥미로운 장소에서 방과 후 수업의 형태로 진행되었습니다. 하지만 아이들이 학교에서도 특별한 경험, 즉 일상적인 학교생활과 전혀 다르게 느껴지면서도 오래 기억할 만한 교육 기회를 누리기를 바랐습니다. 그리하여 팝업 교실 프로그램을 개발했고, 현재 두 곳의 초등학교에서 팝업 교실 프로그램을 운영하고 있습니다. 팝업 형태로 운영하는 것은 약간 어수선하고 아주 소모적이며 꽤 고되지만, 이제껏 해온 일 중에서 가장 멋진 일이기도 합니다. 이 공간에 방문한 아이들의 얼굴을 보면, 우리의 일이 더 가치 있게 느껴지곤 합니다.

한 학생이 이빨과 발톱 상점에서 뜻밖의 재미와 경이로움을 경험하고 있다.

〈불사조 깃털 크림〉은 저자극성, 고가연성 제품이다.

### 첫 번째 팝업 교실을 만드는 과정은 어떠했나요?

우선 영국에서 가장 빈곤한 지역 중 한 곳에 위치한, 우리가 협력하고 싶었던 학교로 찾아가서 학생들에게 세 가지 테마를 제안했습니다. 그중 가장 많은 표를 받은 테마는 〈신화 속 생물을 위한 빅토리아 시대의 반려동물 용품점〉이었습니다. 그다음 아주 빠듯한 예산(지역 기금에서 특별히 팝업 교실을 위해 모금한 약 1만 달러)으로 학교에서 사용되지 않는 교실을 개조한다는 기발한 아이디어를 생각해 낸 셜록 스튜디오Sherlock Studio의 환상적인 디자인 팀에 우리의 생각을 간략하게 전달했습니다. 그리고 현지 작가가 19세기 브라이턴에 살았던 반려동물 용품점 주인 〈마사 투스〉에 관한 멋진 이야기를 만들었습니다. 그렇게 〈이빨과 발톱* 상점Tooth and Claw Store〉이 탄생했죠.

　　방문객들은 이곳에 들어서는 순간(특별 비밀번호를 알고 있어야 합니다), 진한 건초 더미 냄새와 정체를 알 수 없는 으르렁거리고 끙끙대는 소리를 접하게 될 것입니다. 벽에는 만지거나 냄새를 맡거나 흔들 수 있는 상자들이 진열되어 있는데, 그 안에는 〈유니콘 샴푸〉, 〈불사조 간식〉, 〈도도새 깃털〉 크림이 담긴 병과 항아리가 들어 있죠.

*　　영국 TV 시리즈 「닥터 후」의 에피소드 중 하나.

〈불사조 유산균〉은 당신의 장내 유산균을 다시 활성화시킨다.

공간 속에서 마주친 예상 밖의 경험은 예상 밖의 글쓰기로 이어질 수 있다(꽃가루 알레르기는 예상한 대로다).

이빨과 발톱 상점은 150년 동안 문이 닫혀 있었고, 이제 학생들이 이빨과 발톱 상점의 다음 이야기를 쓸 차례입니다. 우리는 상점의 테마를 정해준 학교의 전교생 270명과 작업했고, 그들을 워크숍에 초대했습니다. 그들이 만든 바로 그 공간에서 2시간 동안 진행되는 행사였죠. 각 워크숍에는 전문 일러스트레이터들도 참여해, 어린 작가들의 아이디어를 아름다운 그림으로 구현했습니다. 매 수업마다 헌신적인 자원봉사자로 이루어진 스토리 멘토들(용 조련사라든지 그리핀* 미용사와 같은 역할을 맡았습니다)이 교육을 진행했고, 이것은 어린이, 교사, 자원봉사자 들로부터 아주 좋은 피드백을 받았습니다.

### 두 번째 팝업 교실을 만드는 과정은 어떠했나요?

첫 번째 팝업 교실을 만들었던 디자이너들과 〈브라이트 스타Bright-STAR(브라이튼 스페이스 트레이닝과 리서치 아카데미Brighton Space Training and Research Academy의 약자)〉를 만들었어요. 이번에는 두 배의 공간이 주어졌고 재료비 명목으로 조금 더 많은 돈을 마련했습니다. 또 다른 큰 변화가 있었다면 처음부터 선생님들을 참여시켜서, 그들에게 공간을 먼저

* 사자 몸통에 독수리의 머리와 날개를 가진 신화적 동물.

워크숍에서 우주 비행사 팀이 미션 컨트롤 센터* 를 작동시킬 준비를 하고 있다.

보여 주고 교육 과정을 미리 짤 수 있도록 했다는 점입니다. 우리는 배경
이야기를 만들고, 아이들 한 명 한 명에게 임무를 주었습니다. 한편 공간 안에
천구 시뮬레이터실과 아이들이 뛰어다닐 수 있는 구역을 만들고 실제 우주
탐사 때 녹음된 내용을 들을 수 있도록 하는 등 상호 작용성을 높이려고
했습니다. 모든 과정은 유치원에 다니는 3~4세 아이들을 포함한 전교생과
함께 작업했고, 우리는 다른 학교의 학생들도 방문할 수 있도록 초대했습니다.

*　　발사부터 착륙까지 우주 비행을 관리하는 시설.

보통 이 정도의 기술적인 장비를 다루려면 박사 학위 정도는 받아야 하지 않을까.

### 브라이트 스타와 이빨과 발톱 상점의 디자인 목표는 무엇인가요?

우리가 가진 능력과 예산 그리고 주어진 기간 내에서, 최선을 다해 가장
그럴듯한 가상의 공간을 만들기 위해 노력했습니다. 이때 셜록 스튜디오의
거의 모든 사람이 도움을 주었습니다. 〈다양한 사람들의 다양한 생각〉의
가치를 믿기 때문에, 한때 어린이였던 우리 모두는 디자인 과정에 언제나
타당한 의견을 제시할 수 있습니다.

　　　학습 공간이라는 점에서 경험적이고 몰입적이기를 바랐지만,
그러면서도 여전히 상상의 나래를 마음껏 펼치기에 충분하기를 바랐습니다.
그래서 브라이트 스타와 이빨과 발톱 상점 모두 전문적으로 보이면서도
편안한 느낌을 주어야 했죠. 우리는 디자인이 오감에 어떻게 전달되는지
고려했습니다. 사람들은 각기 다른 감각의 영향을 받기 때문에, 공간의
콘셉트를 극대화하기 위해서는 디자인이 모든 감각에 영향을 미쳐야
하거든요. 이빨과 발톱 상점의 디자인은『해리 포터』시리즈, 『반지의 제왕*The
Lord Of The Rings*』시리즈, 반려동물 용품점 등에서 영감을 얻었습니다.
브라이트 스타를 위한 디자인 아이디어를 얻기 위해서 실제 우주 정거장도
찾아보았답니다.

## 예산 내에서 어떻게 공간을 만들 수 있었나요?

뛰어난 상상력과 용감무쌍한 태도로요! 우리는 온라인 소매업체를 통해
저렴하게 물건을 주문하거나, 각자의 집에 있는 창고와 부엌 찬장은 물론
재활용할 만한 제품을 찾으려고 다른 사람들의 재활용 상자도 뒤졌습니다.
또한 현지 업체들의 관대함을 최대한 활용했죠. 예를 들어, 천연 화장품
가게에서 제품 용기(이빨과 발톱 상점에서 사용했습니다)를 받기도 하고,
무대 디자인 회사에서 거대한 폴리스티렌 공(브라이트 스타의 소행성으로
만들었습니다)도 받았습니다.

브라이트 스타의 임무를 수행하기 위해서는 배지를 받아야 한다.

어린 우주 비행사가 궤도 역학을 이해하는 데 놀라운 돌파구를 찾아낸 것 같다.

**이런 공간을 만들고 싶어 하는 사람에게 해줄 수 있는 조언이 있다면 무엇인가요?**

주어진 기간과 예산 안에서 너무 많은 일을 해내려고 하지 말길 바랍니다. 굉장히 분주하겠지만, 가능하다면 실제로 사용하기 전에 사용하려는 재료의 견고성과 내구성을 꼼꼼히 확인하길 권유합니다. 또 눈에 보이는 모든 것을 잠재적인 건축 자재나 소품으로 고려해 보는 것도 좋습니다. 어떤 물건이든 약간의 상상력을 이용하면 무엇으로든 만들 수 있거든요. 다만 무엇을 만들더라도, 디자인이 명확한지 또 모든 자원봉사자가 그 디자인을 확실하게 다룰 수 있는지 확인해야 합니다. 이와 관련된 하나의 일화가 있습니다. 농장의 짚 더미와 아이들을 함께 두면 아주 엉망진창이 된다는 것입니다. 짚 더미를 활용한 인테리어 때문에 생긴 결과를 뒤처리해야 했던 학교의 청소부에게 정말 죄송했답니다.

이야기 행성

Story Planet

설립 연도: 2011년
디자인: 반 더 킹 디자인 그룹
면적: 1,000평방피트(28평, 92제곱미터)
주소: 269 제라드 스트리트 이스트, 캐나다 온타리오 토론토

캐나다 토론토

## 이야기 행성에 어떤 분위기를 설정했나요?

우리는 이야기 행성이 아름답고 매력적이고 상투적인 일반 시설들과는 다른 느낌을 주기를 바랐습니다. 또 창의적으로 호흡할 여지가 있도록, 상상력이 넘치면서도 너무 지나치게 꾸민 공간처럼 보이지 않기를 바랐죠. 사실 이곳의 이름인 〈이야기 행성〉에서 가장 많은 영감을 얻었습니다.

이야기 행성으로 들어가는 독창적인 입구는 다른 세계로 통하는 입구 같다. 이야기 행성의 새 매장은 우주 원예에 관한 테마를 가지고 있다.

**안전하고 포용적이면서도 영감을 주는 공간을 어떻게 만들 수 있었나요?**

우리는 다양한 종류의 사람들이 이곳에 들어왔을 때, 장난기로 가득한 공간을 마주하게 되기를 바랐습니다. 이를 위해 실제로 입구와 매장 내부에 더 많은 장식과 요소를 더하는 방식으로, 이야기의 씨를 뿌리고 기르는 데 도움을 주는 외계 꽃이 살고 있는 독특한 행성의 느낌을 강조하고 있습니다.

**어떤 사람들이 디자인 작업에 참여했나요?**

처음에 바닥과 벽의 디자인을 계획할 때 도움을 준 디자이너가 있었고, 그다음에는 두 명의 아티스트가 보다 작은 부분의 디자인 작업을 전담했습니다. 이곳은 여전히 진화하고 있습니다. 이때 예술가들이 소규모로 그룹을 이루어 함께 일하는 방법이 가장 적절하다고 생각합니다. 사람들이 지나치게 많을수록 목표가 점점 희석되기 때문입니다. 한 명, 많아야 두 명이 디자인한 일관성 있는 목표가 있어야 한다는 사실을 명심해야 합니다. 일단 그 목표가 확고하게 정해져야, 다른 사람들이 준비한 계획을 이행하고 구축할 수 있거든요.

초현실적인 이야기를 만들기 위해 공동 작업을 하고 있는 선생님과 학생들.

## 기금은 어떻게 마련했나요?

우리는 보조금을 받았습니다. 바닥재 공사의 경우 할인을 받았고(디자인의 바탕이 되는 중요한 부분이었습니다. 여기서 가장 재미있는 점은 사람들이 이곳의 바닥에 큰 매력을 느끼고 무척 좋아한다는 것입니다. 그래서인지 아이들이든 어른들이든, 항상 누군가가 바닥에 누워 있거나 자고 있어요), 디자이너는 그녀의 시간을 기부했습니다. 하지만 우리는 우리가 중요하게 여기는 철학에 따라, 예술가의 작업 및 작품에 대한 비용을 꼭 지불하고 있습니다.

이야기 행성은 씨앗이 이야기로 자라는 신비한 외계 꽃이 자라는 곳이다. 어린 식물학자들은 그 과정에 매우 중요한 사람들이다.

바닥까지 사랑받는 친근한 공간이다.

**① NOW IN A REUSABLE POUCH!**
**Snack-Sized Supernovas**
The universe's loss is your mouth's gain.

CONTAINS 80,000 KALS OF SNACKULAR DELIGHT

**②** DISPOSABLE (OR REUSABLE)
**Earth Mouth Variety Pack**
Your warp core may fail. Your smile will not.

WALK AMONG
**Tota Nat Ear**
Earthling e face t

**③** 26 OUT OF 27 MOONS RECOMMEND
**Uranian Paper**
Soft as a molecular cloud, but strong enough to withstand the winds on Uranus.

2-PLY SUPERASTEROID URETHANE SHEETS

FEEL-FAST LOZENGES
**Obvious Confusion**
Delicious, edible emotions for all human occasions.

12 OZ OF FLAVORED FEELINGS

410

**FEEL-FAST LOZENGES**

**Sincere Enthusiasm**

Delicious, edible emotions
for all human occasions.

**FEEL-FAST LOZENGES**

**Apparent Delight**

Delicious, edible emotions
for all human occasions.

**FEEL-FAST LOZENGES**

**Abject Curiosity**

Delicious, edible emotions
for all human occasions.

① 한입 크기의 슈퍼노바
디자인: 조엘 더크센
문구: 라일라 앰브로스

우주에는 손실이지만 당신의
입에는 기쁨이다.

② 지구의 입 종합 세트
디자인: 조엘 더크센
문구: 라일라 앰브로스

당신의 워프 코어는 실패할 수도
있다. 하지만 당신의 미소는
그렇지 않다.

③ 천왕성 종이
디자인: 조엘 더크센
문구: 라일라 앰브로스

분자 구름처럼 부드럽지만
천왕성의 바람을 견딜 만큼
강하다.

④ 식용 감정
디자인: 조엘 더크센
문구: 라일라 앰브로스

모든 인간사를 위한 맛있는, 식용
가능한 감정이다.

411

# 이렇게까지 아름다운,
# 아이들을 위한 공간을
# 만드는 방법

## 1. 학생, 선생님, 부모님의 요구 사항

처음 프로젝트를 시작할 때는 탄력성과 열린 마음을 지니는 것이 중요합니다. 프로젝트가 어떻게 될지 또 어떤 일을 하게 될지, 미리 계획을 세워도 결국은 변하고 진화하게 됩니다. 그러므로 항상 유연한 태도를 유지하고 너무 지나치게 야심에 찬 계획을 세우거나 과도한 추정을 하지 않아야 합니다. 모든 것은 바뀌고 또 바뀌니까요.

자원봉사자들, 열의, 그리고 글이 가진 힘 안에서 청소년을 교육하는 장대한 프로젝트에 기꺼이 참여하겠다는 의지가 가장 중요합니다. 현지의 학교, 선생님, 부모님, 아이 들과 협업하게 되면, 그들에게서 당신이 묻기 전에는 절대 알 수 없는 요구 사항을 듣게 될 것입니다. 예를 들어, 당신에게 글쓰기 센터를 열기 위해 헌신할 준비가 된 사람들의 모임이 있다고 가정해 봅시다. 이미 센터를 지을 장소도 물색해 놓았으며, 전 세계의 여러 글쓰기 센터로부터 영감을 얻어 실현하고 싶은 아이디어도 무수히 많습니다. 다음 단계는 선생님과 부모님들과 대화를 시작하는 것이겠죠. 이때 현지 학교의 요구 사항은 어쩌면 당신이 추측하는 요구 사항과는 약간, 어쩌면 아주 많이 다를 수 있습니다. 선생님들은 독서와 관련해서 더 많은 지원을 받기를 원하거나, 그저 학생들과 함께 앉아서 책을 읽어 줄 자원봉사자들만 기대하고 있을지도 모릅니다(실제로 826DC의 경우가 그랬습니다). 아니면 학교에 개인 교습 프로그램이 있어서, 그 프로그램에 참여해 줄 자원봉사자들을 요청할 수도 있습니다. 결국 당신은 이미 존재하는 프로그램에 자원봉사자들을 보내 주어야 하는 역할을 하게 되겠죠.

선생님과 부모님들에게 받은 피드백을 이용해서, 당신은 지역 내 학교와 가정에 훨씬 더 효과적이고 즉각적인 영향을 미칠 수 있고 그들로부터 곧바로 인정받을 수도 있습니다. 당신의 프로젝트를 빨리 착수하려면, 현지 학교에서 시작하는 방법이 가장 좋습니다. 완벽한 교육 과정을 미리 생각할 필요도 없습니다. 학교 내 방대한 교육 계획에 당신의 프로그램을 끼워 넣을 수도 있으니까요. 그리되면 당신은 보다 큰 공공 교육에 참여할 수 있습니다(혹은 참여해야 합니다). 그렇다고 해서 당신만의 독창적인 프로젝트를 새로 구상해서는 안 된다는 뜻은 아닙니다. 당신의 프로그램은 꼭 구상해야 합니다. 이 경우에도 교사, 부모님, 학생 들과 대화하면서 진행해야 합니다.

무엇보다 당신은 항상 유연한 태도를 가져야 합니다. 센터의 설립과 운영을 X, Y, Z와 같이 정해진 순서대로만 해나가려는 것은 잘못된 생각입니다. 선생님들에게는 사실 〈X〉는 필요 없고, 학생들은 〈Y〉를 원하지 않고, 〈Z〉는 다른 비영리 단체들이 진행하고 있을 수도 있으니까요. 그러므로 이해 당사자들의 도움을 받아서 언제든지 처음의 계획으로 돌아갈 준비가 되어 있어야 합니다. 만일 당신이 현지 학교의 선생님에게 도움을 줄 준비가 된 열 명의 자원봉사자가 있다고 말한다면, 현지 학교의 선생님은 반드시 그 자원봉사자들을 유용하게 이용할 방법을 찾을 것이라는 점을 기억하세요. 이것이 바로 탄력성과 열린 마음을 가지고 일에 착수하는 좋은 예입니다. 선생님들과 대화하지도 않고서 단호하게 한 가지 목적만 이루려는 생각이라면(예를 들어 여덟 살짜리 아이에게 하이쿠를 가르치겠다는 목적), 지역 공동체에 미치는 영향력에 제한이 따르고 제대로 인정받지도 못할 것입니다. 그러니 당신이 도움을 주고자 하는 학교에서 정말 필요로 하는 요구 사항에 당신이 제공하려는 프로그램을 맞추어 나갈 준비가 되어야 합니다.

## 2. 중복된 서비스를 지원하는 곳이 있는 경우에 이를 대처하는 자세

이것은 아주 중요한 내용입니다. 특히 대도시에서 센터를 시작하는 경우라면, 당신이 하고 싶어 하는 일을 이미 하고 있는 단체나 조직이 있을 가능성이 있습니다. 본격적으로 일을 시작하기 전에 조사를 해보길 바랍니다. 누가 무슨 일을 하고 있는지, 규모는 어느 정도인지 파악해 보세요. 그러면 다음 경우 중 하나에 속할 것입니다.

(1) 유사한 단체가 없는 경우: 가장 이상적입니다. 바로 뛰어들어 그 공백을 채우면 됩니다.

(2) 애매하게 유사한 단체가 있는 경우: 당신의 지역이나 도시에 종종 청소년 문학과 관련된 단체 또는 기관이 있을 가능성이 존재합니다. 하지만 대부분은 여러 가지 면에서 다를 것입니다. 예를 들면, 학교에 시인을 소개하는 프로그램이 있을 수도 있고, 어쩌면 청소년을 위한 책을 만드는 프로그램이 있을 수도 있겠죠. 이때 당신이 당장 해야 할 일은 그 프로그램을 제공하는 단체에 연락을 취해, 당신이 하려는 일은 그들이 하는 일과는 다르며 또 당신은 그들과 경쟁자가 아닌 친구가 되고 싶다는 뜻을 분명하게 밝히는 것입니다. 비영리 단체(혹은 자신들이 그렇다고 생각하는 단체)는 종종 제한된 자원을 위해 경쟁하느라, 경쟁 구도가 조성될 수 있기 때문입니다. 반드시 그들과 소통하고, 친구 관계를 맺고, 협업을 고려해 보는 것도 좋습니다(후원 재단은 비영리 단체 간의 협업에 지원하기를 좋아하거든요). 아무리 강조해도 지나치지 않을 만큼 중요한 일입니다. 그 지역에서 오래 존속해 온 단체로 하여금, 당신이 그들의 영역을 아무렇지도 않게 잠식하려고 한다는 생각을 가지도록 만들어서는 안 됩니다. 당신은 기존의 단체와 사람들에 대한 존중심을 가지고 일에 착수해야 하며, 그들과 어떻게 조화롭게 적응해 나갈 것인지 열린 마음으로 대화를 나누어야 합니다.

(3) 아주 유사한 단체가 있는 경우: 조금 곤란할 수도 있는 상황입니다. 실제로 당신과 아주 유사한 단체가 이미 있을 가능성은 존재합니다. 어쩌면 방과 후 과외 프로그램을 제공하고 있을 수도 있고, 혹은 학교에 선생님 자원봉사자들을 지원하고 있을 수도 있습니다. 어떤 식으로 일이 겹치든, 다음 세 가지 방법 중 한 가지를 선택해 보세요. 첫째, 서비스가 겹치지 않도록 프로그램의 목적을 바꾸거나 혹은 프로그램의 범위를 제한하는 것입니다. 즉 방과 후 과외 프로그램을 제외하고 출판 프로젝트에 집중하는 방식으로 말이죠. 이때 기존의 단체에 프로그램의 목적과 범위를 분명하게 전달해, 두 단체가 제공하는 프로그램이 서로 중복되지 않는다는 사실을 알려야 합니다(만일 그게 문제가 되는 경우에 한해서). 둘째, 당신이 기존의 단체와 협력하는 것입니다. 기존의 단체가 새로운 에너지와 더 많은 자원봉사자의 투입을 환영할 수도 있으니까요. 셋째, 당신과 기존의 단체가 모두 활동할 여지가 있는 것입니다. 특히 도시의 경우라면, 그럴 가능성이 더 크죠. 도시에 수십만 명의 학생들이 있다면, 1,000개의 단체가 활동할 여지도 충분합니다. 그곳의 선생님과 학생들이 더 많은 도움을 받을 수 있도록, 당신의 계획을 계속해서 실행해 나갈 수 있습니다. 물론 이때도 반드시 기존의 단체와 소통해야 하겠죠.

### 3. 협업 관계 및 프로그램에 대한 긍정적인 태도

처음 시작할 때는 항상 〈좋다〉라고 기꺼이 말할 마음가짐을 지니는 것이 도움이 됩니다(혹은 그럴 필요가 있습니다). 당신은 근본적으로 열린 자세를 가져야 합니다. 다른 단체, 선생님, 부모님 들이 여러 가지 아이디어와 제안을 가지고 당신을 찾아올 것입니다. 그들의 아이디어에 마음을 열어야 합니다. 그들과 항상 대화를 나누세요. 항상 문을 열어 놓고, 항상 머리를 끄덕이길 바랍니다. 새로운 단체가 생기면, 지역 사람들은 그 단체를 그들의 희망을 투영할 수 있는 빈 캔버스처럼 여깁니다. 그들의 희망적인 생각에 동의하는 것은 매우 중요하죠. 이때 모든 제안이 꼭 결실을 맺어야 한다는 의미는 아닙니다. 아주 많은 경우에 그리되지 않을 테니까요. 하지만 신생 단체라면, 언제나 유연한 태도를 가져야 합니다. 협업을 하게 되면 그 영향력은 배가될 수 있습니다(꽤 많은 경우에 그렇습니다). 만약 협업을 하지 않았다면 전혀 알 기회가 없었을 사람, 학교, 비영리 단체 들과 연결될 수 있을 테니까요.

신생 비영리 단체가 너무 바쁘거나 정신이 없어서, 안타깝게도 다른 단체와 교류하지 않을 뿐만 아니라 대화조차 하지 않는 경우가 참 많습니다. 이는 결코 좋지 못한 결과를 낳습니다. 신생 비영리 단체가 냉담하고, 뻣뻣하며, 편협하다는 소문이 돌게 되거든요. 어떤 도시든 비영리 단체의 세상은 매우 좁기 때문에, 당신의 태도가 비우호적이면 소문이 금세 퍼집니다. 그러니 항상 마음을 여세요. 협업 관계를 맺는 일은 당신이 하려는 일에서 정말 중요한 부분입니다.

협업 관계의 예가 몇 가지 있습니다. 100여 명의 지역 청소년에게 매일 방과 후 과외 프로그램을 제공하는 클럽이 있는데, 선생님의 수가 부족하다고 가정해 봅시다. 그렇다면 당신과 그 클럽은 방과 후 과외 프로그램를 함께할 수 있습니다. 당신의 단체에 속한 선생님들을 그 클럽이 운영하는 장소로 보내 학생들을 돌보는 방식으로요. 이는 모두에게 이익이 됩니다. 또는 집이 없는 가족을 위한 보호소, 혹은 임시 거주지에 사는 가족이 당신의 단체를 찾아오는 경우도 있을 것입니다. 보호소에 사는 아이들에게는 풍부한 기회가 없습니다. 그렇다면 매주 당신의 단체에 속한 선생님들이 보호소를 방문하여, 아이들의 숙제를 도와주고 즐거운 시간을 같이 보내고 치유적인 글쓰기 수업을 제공하는 프로그램을 계획해도 좋습니다. 어떤 경우에는 지역 공동체에 있는 성인을 위한 문학 프로젝트의 담당자가 당신의 단체에 연락을 취하기도 하겠죠. 저녁 문학 강좌에 오는 성인들은 종종 아이들을 데려오곤 하는데, 그곳에서는 아이들에게 맞는 프로그램이 없기 때문에 당신의 단체에 도움을 청하기 위함일 것입니다. 이때 당신의 단체에 속한 선생님들을 저녁 문학 강좌가 열리는 장소에 보내, 옆 강의실에서 아이들의 숙제를 도와주거나 다양한 프로그램을 마련할 수도 있습니다. 이것 역시 모두에게 이익이 됩니다. 어른들이 무언가를 배우는 동안 아이들은 숙제를 끝낼 수 있고, 가족들은 한 장소에서 두 가지의 서비스를 동시에 받고 집으로 함께 돌아갈 수 있거든요.

## 4. 기부자 및 지원자와 관계 구축

당신의 단체와 교류를 맺은 사람은 후원자, 친구, 지원자 들의 네트워크가 될 잠재력을 가지고 있습니다. 개발이나 기금 모금에 관련된 사람뿐 아니라, 모든 직원이 그럴 수 있다고 생각해야 합니다. 상점에 방문한 고객이 당신의 단체를 완전히 변화시킬 만한 후원이나 기부를 할 수 있는 가족 재단을 가지고 있을 수도 있고, 어떤 인턴이 5년 후에는 주요 기부자가 될 수도 있고, 혹은 그의 부모님이나 가족이 지역 공동체, 현지 자원, 기부, 그 외의 것을 통해 막대한 지원을 할 수도 있습니다. 이 점을 염두에 두고 모든 사람을 따뜻한 마음과 진심으로 대해야 합니다. 이는 최소한 학생, 자원봉사자, 직원 들이 당신의 단체를 포용성 있고 다정한 곳, 소속감과 존중받는 기분을 주는 곳이라고 인식하는 데 도움이 됩니다. 이런 생각은 당신의 모든 일, 다시 말해 소셜 미디어 게시 글에서부터, 상점 직원의 접객 방식, 직원의 이메일 답신 내용까지 모든 일에 영향을 미칩니다.

　　비영리 단체를 운영할 때, 이러한 관계-기반 접근법의 중심에는 당신의 일이 지역 공동체를 위한 것이며 따라서 지역 공동체의 사람들이 유의미하게 단체의 일부가 되어야만 성공한다는 전제가 깔려 있습니다. 프로그램을 평가하는 실무자와 어떠한 연관이나 관계도 없는, 인간미 없는 상태에서 자금 요청 제안서만 성급히 낸다면 자금 지원을 받을 기회는 주어지지 않습니다. 보조금 신청서나 기금 요청서를 잘 작성하고 당신이 계획한 프로그램이 좋은 인상을 준다고 해도, 사람들과 제대로 관계를 맺지 못한다면 금세 실패하게 됩니다. 50달러짜리 개인 수표든 5만 달러짜리 재단 보조금이든, 지원 여부를

결정하는 주체는 결국 사람들이기 때문입니다. 처음에는 기부금을 일종의
거래나 목적을 이루기 위한 수단이라고 잘못 생각할 수 있습니다. 하지만
기부자와의 관계를 구축하는 데 있어서 관계-기반 접근법을 제대로
수용하려면, 당신의 미래를 계산해 주는 인간미 없는 스프레드시트에서 눈을
떼고 당신의 협력자가 될 수 있는 개개인의 사람에게 눈을 돌려야 합니다.
당신의 단체에 변화를 가져다준 기부자에게 손으로 직접 감사 편지를
써보세요. 당신의 일에서 어떤 부분이 그들에게 호감을 주었는지 기억하고, 또
그들이 좋아할 만한 새로운 변화가 생길 때마다 최신 정보를 업데이트해
전하길 바랍니다. 책, 초대장, 안부 인사 편지를 보내, 그들에게 항상 관심을
표현해야 하죠. 그들이 왜 당신의 단체에 변화를 가져다주었는지, 그들이
나중에 가져올 기증품이 당신의 단체에 무엇을 해줄 수 있는지 항상 염두에
두길 바랍니다. 그들이 관심을 가진 분야와 관심을 가지지 않은 분야를
기억하고, 그들의 기호를 존중하세요. 진심 어리고 사려 깊은 〈거절〉이 눈앞의
이익을 위한 〈수락〉보다 다음 해의 기부나 기증으로 이어질 가능성이 더
높다는 것을 명심해야 합니다.

기부자는 물론 잠재적 기부자를 프로젝트에 참여시킬 때는 당신이
존중하고 아끼는 사람을 대하듯 적절하고 유의미한 방법으로 참여시켜야
합니다. 그들의 생각을 항상 묻고, 정직하게 대응하고, 그들의 관심과 당신의
프로그램이 교차하는 부분을 잘 검토해야 하죠. 당신과 긍정적인 관계를 가진
사람들은 그들의 능력에 맞는 기부를 하게 될 뿐만 아니라 지원을 해줄 만한
또 다른 사람을 소개해 줄 것입니다. 그들과의 상호 작용이 의미 있고
진실하다면, 그들과의 인연은 계속될 것이라는 사실이 가장 중요합니다.


## 5. 적절하면서도 독특한 테마 선정

전 세계의 글쓰기 센터에는 저마다의 테마가 있습니다. 826 발렌시아의 해적
상점이 그 시작이었으며, 이후로도 826 보스턴의 그레이터 보스턴 빅풋

연구소와 스톡홀름에 있는 베라타미니스테리에트의 외계인 슈퍼마켓까지 아주 다양하죠.

이 테마들은 때로는 기발하고 엉뚱한 분위기의 상점과 연결되기도 하고, 때로는 단순히 글쓰기 센터의 일을 보여 주는 전반적인 콘셉트로만 존재하기도 합니다. 어떤 경우든, 당신이 고려하고 있는 테마가 있다면 다음과 같은 지침과 제안을 따르길 바랍니다.

(1) 대상의 폭이 넓은 테마를 선택할 것: 대부분의 경우, 모든 연령대의 학생을 위한 곳이기 때문에 어린아이 위주의 테마로 정해서는 안 됩니다. 중학생도 좋아할 만한 것을 생각하고 그 주제를 따라가세요. 그보다 어린아이는 자연스레 호감을 가지게 됩니다. 하지만 그 반대의 경우는 통하지 않습니다. 중학생은 유아원생에 적합한 테마를 가진 센터에 오려고 하지 않거든요.

(2) 진부한 테마는 피할 것: 어린이들을 위한 테마, 아이들이 좋아할 만하다고 여겨지는 테마에 끌리는 경우가 많습니다. 예를 들면, 서커스 같은 것 말이죠. 이런 생각이 자꾸 머릿속에 떠오를 것입니다. 〈서커스와 관련된 주제는 어떨까?〉 사실 문제는 서커스를 좋아하는 아이들이 별로 없고(적어도 1950년 이후에), 그리고 서커스는 옛날에도 진부한 테마였다는 점입니다. 그러니 정말 색다른 것, 진짜 이상한 것을 생각해야 합니다.

(3) 유머 감각을 활용할 것: 테마 그리고 테마와 관련된 모든 것은 아주 재미있어야 합니다. 아이들은 유머를 좋아하고, 터무니없는 것을 좋아하고, 본능적으로 재미있는 존재들입니다. 그러니 아이들의 영리함과 재치를 존중해야 하죠. 어른들을 웃게 만들면 아이들도 웃습니다.

(4) 이치에 맞는 주제일 필요는 없다고 생각할 것: 이치에 맞지 않으면 오히려 더 좋습니다. 또 테마가 지역 도시나 동네와 관계가 있어야 한다고도 생각하지 마세요. 그곳이 감자 농사로 유명한 지역이라면, 감자 농사와 관련 없는 테마가 낫습니다. 되도록

감자와 아주 먼 주제여야 하죠. 학생들에게 그들이 매일 보는 것을 반복해서 상기시키는 것이 아니라, 아주 딴 세상으로 이동시키는 테마를 선택해야 합니다.

(5) 친구 중에 가장 이상하고 별난 사람의 도움을 받을 것: 당신이 유머보다는 일을 조직하는 데 더 재능이 있는 사람이라면, 유머에 재능이 있는 사람의 도움을 받길 바랍니다. 아는 사람 중에 가장 이상한 사람의 도움을 받으세요. 테마는 센터를 설립하는 데 가장 큰 부분을 차지하며, 학생과 자원봉사자들의 관심을 유도하는 부분이기도 합니다. 그렇기 때문에 위원회에서 정하거나 전혀 이상하지 않은 사람이 결정해서는 안 됩니다.

(6) 안전한 선택을 하지 말 것: 예전에는 위원회에서 테마를 정하기도 했습니다. 그 결과는 정말 참담했습니다. 이상한 것을 믿어야 합니다. 정말 이상하고 기억에 남을 만한 것을 생각하고, 그것을 포기하지 말고 추진하세요. 절대 안전한 선택만 해서는 안 됩니다. 테마를 흐리멍덩하게 만들지 말아야 합니다. 흐리멍덩한 것을 좋아하는 사람은 없으니까요. 기억에 남을 만한, 뚜렷한, 무모한, 창의적인 것을 떠올려야 합니다. 안전한, 예상이 가능한, 받아들여질 만한, 위원회가 승인한 것은 고려하지 마세요. 위원회나 직원들의 의견이 갈리지 않은 주제라면, 그것이 바로 안전한 선택일 것입니다.

(7) 맹렬히 헌신을 다해 탐구할 것: 일단 테마를 정했으면, 박사 과정을 밟는 학생처럼 철저히 조사해야 합니다. 당신의 상점이 벨루가 고래를 위한 반다나를 살 수 있는 곳이라면(이 역시 아주 좋은 주제 같습니다), 벨루가 고래에 딱 맞는 반다나에 관한 논문도 있어야 하고, 벨루가 고래나 반다나에 관한 꽤 확고한 의견도 있어야 합니다. 터무니없이 헌신하려는 의지에서부터 아주 괴상한 테마에 이르기까지, 당신에게 주어진 모든 일이 물 흐르듯 자연스레 술술 진행되어야 합니다. 그래야 제대로 된 유머가

나오며, 당신의 공간과 방문객의 경험을 기억할 만한 것으로 만듭니다. 그보다 못한 것은 심심하고 지루하죠. 다시 한번 강조하건대, 이상하고 별난 친구를 찾아서 그들의 생각을 자유롭게 풀어 놓도록 해야 합니다.

### 6. 상점에 진열할 제품

826 네트워크에 속한 많은 센터가 상점을 운영하고 있고, 이 상점들은 종종 센터의 테마를 반영하는 상품을 선보입니다. 예를 들면, 런던의 이야기 본부에는 멋지고 독특한 상품을 파는 괴물 상점이 있습니다. 그곳에는 〈애매한 불안함〉이라고 적힌 라벨이 붙은 캔이 있습니다. 캐러멜 한 팩도 있는데, 실제로 그 캐러멜을 코딱지라고 주장하기 위해 라벨을 새로 붙였습니다. 상점에 진열된 상품은 여러 가지 의미에서 아주 유용합니다. 첫째, 상품을 판매해서 얻은 수익금으로 재정적인 이득을 얻을 수 있습니다. 둘째, 상점이 재미있고 이상한 상품으로 가득하면 상점 안으로 들어온 낯선 사람이 조금 더 머물게 되고, 재미를 얻고, 그리고 결국에 그들은 기부를 하고, 봉사 활동을 지원하고, 코딱지라는 라벨이 붙은 캐러멜을 파는 재미있는 상점에 대해 지인이나 친구에게 소문을 내게 됩니다. 셋째, 어쩌면 가장 중요한 점인데, 상품은 학생들이 보고, 가지고 놀고, 또 영감을 받을 만큼 재미가 있습니다. 어떤 학생이 상점에 들어와 엉뚱한 수제품을 보게 된다면 혹은 그 제품에 깃든 재치와 창의성을 보게 된다면 영감을 받을 수 있습니다. 그리되면 그 학생의 내면에 창의성이 촉발되겠죠. 청소년에게 영감을 주는 가장 좋은 방법은 영감을 받은 어른 옆에 있는 것입니다. 이 점이 가장 중요합니다.

상품을 구상하고 만드는 데 있어 도움이 될 만한 힌트와 지침은 다음과 같습니다.

(1) 어떤 물건은 진열하는 데 의미가 더 크다: 샌프란시스코의 해적 상점에는 판매용 의족이 있습니다. 이 의족은 진짜 기능을 하는

수공예품입니다. 아주 정교하게 만들어졌죠. 하지만 잘 팔리는
편은 아닙니다. 그래도 괜찮습니다. 그 상품은 주로 보여 주기
위한, 그곳이 진짜 해적 상점이라는 분위기를 조성하기 위한
것이니까요. 티셔츠, 책, 소품은 잘 팔립니다. 그것도 물론
괜찮습니다. 센터의 입장에서는 두 종류의 상품이 다
필요하거든요.

(2) 한 시간 안에 상품을 만들 수도 있다: 빈 병 하나를 구합니다.
코르크 마개가 있는 2달러 정도의 유리병이면 됩니다. 땅속
요정이나 요정을 위한 상점이라면, 이 병은 어떤 곳에 쓰일지
생각하면 됩니다. 그렇다면 요정 격납 용기는 어떨까요? 좋습니다.
이제 그래픽 디자이너인 친구에게 라벨 제작을 부탁해야 합니다.
그다음 라벨을 스티커 용지에 인쇄하고 병에 붙이면, 당신의
상점을 위한 상품이 탄생됩니다. 한 시간 만에 빈 병을 12달러짜리
요정 격납 용기로 둔갑시킨 것이죠.

(3) 상점을 채우기 위해서는 정말 많은 상품이 필요하다: 고작 28평
정도의 면적이라고 해도 그곳을 채우려면, 정말 놀라울 정도로
많은 상품이 필요합니다. 동네 슈퍼마켓에 가서 진열대에 얼마나
많은 상품이 있는지 세어 보세요. 50개, 100개? 이런! 상점의
진열대를 채우려면 정말 많은 물품이 필요하겠죠? 자, 어서
시작해야 합니다. 다만 너무 까다롭게 생각하지는 말아야 합니다.

(4) 자원봉사자를 참여시켜야 한다: 모든 종류의 도움을 받아야
합니다. 자원봉사자들과(학생들까지도) 상품 제작 워크숍을
진행하는 것만큼 재미있는 일도 없습니다. 병, 캔 등 닥치는 대로
재료를 모은 다음 그 재료가 과연 어떤 물건으로 재탄생할 수
있을지 상상해 보세요. 자원봉사자는 어떻게든 창의적으로
생각하려고 노력할 것입니다. 이보다 더 좋은 일은 없을 테죠.

(5) 모든 상품이 다 기발하거나 오래 지속될 필요는 없다: 어쩌면
당신은 그냥 재미만 있거나 혹은 기발한 상품만 만들려고 할지도

모릅니다. 물론 괜찮습니다. 그것도 필요한 상품의 일부니까요. 그리고 당신에게는 채워야 할 정말 정말, 정말 많은 공간이 있기 때문에 모든 아이디어를 다 써야 합니다. 다만 아주 괜찮은 상품 다섯 가지를 골라 진열대에 두길 권합니다. 나중에 차츰 다른 제품으로 바꾸어 진열해도 좋습니다.

(6) 모든 상품이 다 수제품일 필요는 없다: 센터의 상점에는 기존 상품에 라벨만 다시 붙인 상품을 두어도 좋습니다. 센터의 로고 혹은 다른 문구나 그림 등을 셔츠, 컵, 펜, 그 밖의 다른 상품에 인쇄한 상품도 괜찮고요. 모든 물건에 센터의 로고를 붙일 수 있으며, 그 비용은 놀라울 정도로 합리적입니다. 게다가 가장 잘 팔리는 물건이 될 가능성이 크고 대부분 매우 실용적이기까지 하죠. 당신이 있는 곳에서 한 시간도 채 떨어지지 않은 곳에서 그런 종류의 작업을 해주는 수많은 업체를 찾을 수 있을 것입니다.

(7) 상점은 항상 새롭게 유지되어야 한다: 방문객은 보통 당신의 상점을 재차, 또는 세 번쯤 방문하게 될 것입니다. 방문객의 친구가 그 지역에 찾아온다면 친구를 데리고 또 방문할 수도 있죠. 상점에 다시 온 그들에게는 그만큼의 보상이 있어야 합니다. 좋은 보상 방법 중 하나는 물건을 자주 바꾸는 것입니다. 새로운 상품을 추가해야 하죠. 상호 작용적 요소를 비롯해 간판이나 안내문도 새로 추가하고 상품의 배치도 자주 바꾸는 것이 좋습니다. 언제나 바뀌지 않은 채, 항상 그대로인 상점만큼 한심한 것도 없답니다. 사람들은 누구나 자신들이 보여 준 관심과 충성에 대한 보상을 받기를 원합니다. 그러므로 상점을 항상 새롭게 유지하길 바랍니다.

## 7. 글쓰기 센터의 디자인과 장식

우선 당신이 새로운 공간을 만들려고 한다는 사실을 기억해야 합니다.
무언가가 다른 공간을 만든다는 사실 말입니다. 다른 곳에서 이미 수도 없이
했던 것을 재창조하는 일이 아닙니다. 교육 시설과 관련된 용품이 나오는
카탈로그는 보지 않아도 됩니다. 모든 각본이나 계획, 가정도 잊어야 하죠.
소위 교육적 효과가 있다는 가구의 광고에는 무조건 의심을 가지는 것이
좋습니다. 언제나 남들이 하는 것과 반대로 해야 하죠. 형태, 재료, 물건, 색깔,
심지어 벽을 장식하는 재료가 평범할수록, 학생들에게 되도록 가장 새로운
경험을 전하겠다는 본래의 목적으로부터 점점 멀어집니다. 글쓰기 센터는
학생들에게 이미 익숙한 어떤 종류의 관습적인 분위기와는 전혀 다른 공간이
되어야 하며, 발을 내딛는 순간 급진적인 변화를 즉각적으로 느낄 수 있는
공간이 되어야 합니다. 아이들의 생각을 일깨우도록 말이죠. 만일 그 지역에
있는 학교들이 콘크리트 블록, 래미네이트 책상, 업소용 카펫을 사용하고
있다면, 그것들과 정반대되는 나무, 다채로운 천, 색다른 금속 등의 재료를
사용해야 합니다.

　　　이때 어떻게 해야 따뜻하고, 차분하고, 환영하는 분위기를 자아낼지
생각하길 바랍니다. 그중에서도 차분함은 아주 중요한 요소입니다. 대부분의
학생은 콘크리트 블록으로 만들어진 방 안에서 그리고 형광등 불빛 아래에서
하루를 보냅니다. 결코 마음을 차분하게 진정시키는 환경이 아니죠. 하지만
당신은 학생들이 집중할 수 있고, 자신들의 의견이 수용된다고 느끼고, 집에
있는 듯한 기분이 드는 환경을 만들어야 합니다. 나무도 고려하고, 따뜻한
색도 염두에 두세요. 벽지, 플로어 램프, 샹들리에, 푹신한 소파를 활용하거나,
곳곳에 러그를 까는 아이디어도 좋습니다. 디자인과 장식을 선택할 때마다
병원이나 공장 같은 차갑고 매력 없는 곳과는 아주 다른 장소로 만들겠다는
목표를 바탕으로 결정해야 합니다. 거실이나, 따뜻함과 신비로움을 풍기는
오래된 도서관, 성, 혹은 방을 상상해 보세요. 고래의 몸속처럼 생긴 이야기
공장과 같은 공간을 한번 관찰해 보는 것도 괜찮습니다. 따뜻한 난롯가 아니면

별세계 등 학생들이 머물고 싶어 하고, 차분함을 느끼는 공간을 만들기 위해 노력해야 합니다.

물론 인테리어 디자이너, 건축가, 예술가의 도움을 받아야 합니다. 학습 공간의 구석구석을 어떻게 계획해야 할지 잘 아는 전문가들이니까요. 당신도 이 과정에 참여할 수 있고 또 참여해야 하지만, 전문가의 의견을 따르면 수많은 잠재적 실수를 예방할 수 있을 뿐만 아니라 보다 충분한 생각을 거친, 훨씬 더 내구성이 있는 공간으로 거듭날 수 있습니다. 전문 인테리어 디자이너와 함께 일할 때 얻을 수 있는 또 다른 이점은 그들이 가구, 조명, 바닥재를 포함해서 당신에게 필요한 물품의 조달업체와 인맥을 형성하고 있다는 것입니다. 미국에 있는 수많은 826 센터들이 국제적인 회사 겐슬러와 일했는데, 겐슬러의 디자이너가 826 센터들에 자재 공급업체를 소개시켜 준 덕분에 상당한 비용을 절감할 수 있었습니다. 대부분의 디자인 회사의 경우, 그들의 노동 시간을 기부하면 세금을 면제받을 수도 있죠. 그래서 어떤 회사는 해마다 자신들이 기부할 시간의 양을 미리 정해 놓기도 합니다. 이 점을 잘 활용해도 좋습니다.

한편 작은 회사나 개인 디자이너와 일하게 되면, 당신의 프로젝트는 그들의 훌륭한 포트폴리오가 될 수도 있습니다. 당신이 좋은 고객이 되어, 그들에게 원하는 대로 작업할 자유를 주고 용기를 북돋우면 그들은 자신의 포트폴리오에 넣을 만큼 아름다운 공간을 디자인하게 될 것입니다. 이는 모두에게 이익이 되죠. 당신은 그들에게서 무료 혹은 할인된 비용으로 전문적인 작업을 제공받을 수 있고, 그들은 자신의 비전이 완벽하게 실현된 훌륭한 대표작을 얻게 될 테니 말입니다.

당신의 공간은 어쩌면 몇 년 동안 미완성의 상태일 수도 있습니다. 센터를 열기 전에 공간이 완벽할 필요는 없습니다. 어차피 공간은 점점 변화하니까요. 여러 특징적 요소나 가구를 추가하면서, 그리고 직원과 고객이 늘어나면서 공간은 점점 더 밀도가 높아지죠. 완벽함을 추구하려다가 다른 좋은 점을 놓치지 말길 바랍니다.

## 8. 낭독회와 사인회 개최

학생들의 책을 출간한 후에, 낭독회를 열어 기념하기로 했다고 가정해 봅시다. 학생들이 관객들 앞에서 자신들의 작품을 읽는 모습을 보는 것만큼 기분 좋은 일도 없죠. 외부 관객들을 초대하는 일은 아주 중요하며, 그 가치도 상당합니다. 하지만 이때 해야 할 것과 하지 말아야 할 것이 있습니다. 이는 우리가 지난 몇 년간 배운 가장 핵심적인 내용입니다.

(1) 발표 시간은 짧게 할 것: 초기에 우리는 학생들에게 4페이지 분량의 이야기를 관객들 앞에서 읽게 했습니다. 이 정도 분량의 이야기를 읽는 데 15분 정도가 소요되기도 합니다. 대부분 아무도 좋아하지 않죠. 긴장한 학생은 마이크 앞에서 오랫동안 서 있으려고 하지 않습니다. 게다가 관객 입장에서도 긴 이야기를 전부 다 들을 필요가 없죠. 낭독회에서는 간단한 작품 소개를 하는 것만으로 충분합니다. 학생들의 목소리를 듣고, 그들이 용기 있게 관객들 앞에 서서 자신들의 작품을 공유하는 모습을 응원하는 것이 낭독회의 핵심이니까요. 그러니까 낭독회를 할 때는 1분도 정말 긴 시간이라는 점을 기억하세요.

(2) 짧은 글이나 시를 선택할 것: 낭독회에서 학생이 1페이지 분량의 시를 읽고 나면 모두 박수를 칠 것입니다. 하지만 그보다 분량이 길면 바로 문제가 나타나죠. 만약 산문을 발표한다면, 전체적인 내용이 이해되도록 한 문단으로 정리하는 것이 좋습니다. 학생들이 자신들의 작품을 효과적으로 표현할 만한 대표적인 문단을 고르거나, 혹은 몇 가지 중요한 부분을 취합하여 최상의 축약본을 만들어서 말이죠.

(3) 강요하지 말 것: 어떤 학생이 사람들 앞에서 큰 소리로 낭독하는 것을 원하지 않는다면, 그 의견을 존중해야 합니다. 학생들에게 스스로 발전할 기회를 주는 것이 더 중요하므로, 학생들을 억지로 불편한 자리에 세울 필요는 전혀 없어요.

(4) 자발적인 참여는 모두 환영할 것: 반대로 자신의 작품을 읽고 싶어 하는 학생이라면 적극적으로 격려해 주어야 합니다. 이때 읽을거리를 짧게 줄이는 작업이 도움 된다는 점만 기억하세요. 그러면 더 많은 학생을, 그리고 더 많은 목소리를 당신의 프로그램에 참여시킬 수 있는 시간적인 여유가 생깁니다. 마이크 앞에 서기를 원하는 학생이 있다면 그들 모두에게 기회를 주어야 합니다.

(5) 낭독만이 전부는 아니라는 점을 기억할 것: 이벤트를 이끌어 갈 매력적인 사회자(성인이나 학생 모두 가능합니다)가 있다면 아주 이상적입니다. 학생들이 글을 읽기 전에, 사회자는 몇 가지 질문을 하면 좋습니다. 어떤 경우에는 이 과정이 작품 자체만큼 흥미로울 수도 있죠. 대화는 관객을 즐겁게 하고 단조롭게 낭독만 계속되는 상황도 막아 주기 때문입니다.

(6) 최적의 시간은 30분이라는 점을 기억할 것: 낭독회가 30분 이상 지속되면 곤란합니다. 그 자리에는 어린아이, 아기, 조부모님, 자원봉사자 들도 있으니까요. 모두가 바쁜 데다 대개 행사가 저녁 시간 이후에 열리므로 빨리 집에 돌아가야 하거든요. 그러므로 프로그램 시간은 30분 이상이면 안 됩니다. 그다음 다과와 음료를 나누며 학생들을 축하하는 시간을 가진 다음 마치는 것이 좋습니다. 사람들로 하여금 아쉬운 마음이 들도록 해야 합니다. 사람들이 지칠 정도로 긴 행사는 바람직하지 않습니다.

(7) 학생들의 사인회를 절대적으로 중요하게 여길 것: 학생 작가들이 자신들의 작품이 담긴 책에 사인하는 일은 아주 의미 있습니다. 이 일의 효과는 정말 놀라울 정도로 대단합니다. 낭독회가 끝난 후, 테이블을 한두 개 배치해, 어린 작가들이 관객들을 위해서 책에 사인을 할 수 있도록 시간을 마련해 주세요. 아이들도 좋아하고 부모들도 좋아할 것입니다. 이것은 진심으로 그리고 어떤 방식과도 비교가 안 될 만큼 학생들을 존중하는 방법입니다.

## 9. 임대료 없는 장소

대부분의 비영리 단체에, 특히 상점이 있는 단체에 임대료는 가장 큰 부담입니다. 하지만 피할 수 없는 부분이죠. 세계 곳곳에 있는 여러 센터가 다음과 같은 방법으로 임대료 문제를 해결하거나, 적어도 시세보다 저렴하게 내기도 합니다.

(1) 학교 내 공간: 보통 글쓰기 센터는 학교 안에서 시작됩니다. 즉, 해당 학교에서 당신과 당신의 팀이 〈작가들의 공간〉을 운영할 수 있는 장소를 따로 마련해 줄 수도 있습니다. 이때 뚜렷한 장점이 두 가지 있습니다. 첫째, 임대료가 없습니다. 둘째, 해당 학교의 모든 학생을 대상으로 봉사할 수 있습니다. 특히 학교 밖에 있는 글쓰기 센터에 가지 않으려고 하는 아이들에게도 프로그램을 제공할 수 있죠. 자원봉사자들의 지원과 도움을 바라는 지역 내 학교와 협업 관계를 맺는 일은 당신의 일을 시작하기에 매우 좋은 방법입니다. 어쩌면 당신의 단체는 나중에 독립적인 공간을 가지게 될지도 모르지만, 우선 당신의 단체가 학교에서 일하게 된다면 아주 적은 비용으로 하고 싶은 일을 해나갈 수 있을 것입니다.

(2) 신개발 지역 내 공간: 많은 도시의 경우, 영리를 목적으로 새로운 주택 단지를 지으려는 개발 회사가 〈지상층(도로와 같은 층)에 지역 공동체에 이익이 되는 단체를 위한 공간을 별도로 확보해야 한다〉고 규정하고 있습니다. 826 발렌시아의 미션 베이 센터가 바로 그런 곳입니다. 새 아파트 건물(이곳은 집이 없는 수십 곳의 가정도 수용할 예정입니다)을 지을 때, 건물의 일부에 소매 상업 공간을 따로 마련했으며 826은 임대료 없이 이곳을 장기간 사용할 수 있는 계약을 맺게 되었습니다. 공간 내부 공사에 드는 비용은 우리가 내야 했지만, 대부분의 경비는 관대한 시공업체를 비롯한 전기 기술자, 엔지니어, 건축가가 부담했죠. 당신이 부동산 전문가 및 지자체와 지속적으로 긴밀한 연락을 취하면, 비영리 단체로서

법적으로 확보되어 있는 공간을 이용할 수 있는 혜택 등의 정보를 얻을 수 있습니다.

(3)  도서관: 대다수의 맞벌이 가정에서는 방과 후에 아이들을 지역 도서관에 보냅니다. 그래서 수십 명의 아이들은 도서관을 찾고, 그로 인해 아이들을 돌보는 직원의 수가 부족한 문제가 발생합니다. 2000년대 초반 윌리엄스버그 지역의 브루클린 공공 도서관에서도 이 같은 문제가 있었습니다. 수십 명의 중학생이 방과 후에 도서관 내에 비치된 컴퓨터를 차지하고 앉아, 비디오 게임을 하며 소란스럽게 행동하곤 했죠. 도서관 사서들은 826NYC에 도움을 요청했고, 그렇게 협업 관계가 형성되었습니다. 그들은 도서관 지하에 있는 방을 826NYC에 내주었고, 826NYC는 그 방을 슈퍼히어로로 테마를 가진 아주 멋진 교습 공간으로 바꾸었습니다. 비록 초기에는 학생들이 비디오 게임에만 관심을 가졌지만, 숙제를 밤 9시까지 질질 미루기보다는 오후 5시 전에 끝낼 수 있다는 사실을 차츰 긍정적으로 받아들이기 시작했습니다. 그 결과, 교습 공간은 아이들로 가득 차게 되었고 지금까지도 번성하고 있습니다.

당신도 우선 지역 도서관을 한번 알아보길 바랍니다. 도서관에 여분의 방 하나 혹은 테이블 몇 개가 있을지도 모릅니다. 학교 안에서 당신의 일을 시작하는 것과 마찬가지로, 도서관과의 협업 관계도 아주 바람직한 방법입니다. 더불어 당신은 세상에서 최고로 좋은 인간 유형 중 하나인 사서와 일할 기회를 얻게 되겠죠.

(4)  별난 소유주와 개발자: 모든 도시에는 자신의 건물에 딱 어울릴 만한 혹은 심지어 아주 이상한 세입자가 들어오기를 바라는 별난 개발업체가 있습니다. 그들은 단지 지역 공동체를 아끼는 마음가짐을 가지고 있을 수도 있고, 자기 소유의 건물 일부가 이상한 주제를 가진 장소이길 바라고 있을 수도 있죠.

어쨌든 많은 비영리 단체가 이런 상황을 잘 활용했습니다.

건물주 입장에서는 1년 만에 도산할지도 모르는 회사나 도미노 피자 같은 가게에 임대를 주는 것보다, 임대료는 저렴하지만 아주 오랫동안 그곳에 있을 비영리 단체와 계약을 맺는 것이 더 나을 수도 있거든요. 당신이 무엇을 하려고 하든, 임대료를 시세대로 지불해야만 한다고 생각하지 마세요. 주위를 잘 살피고 최대한 많은 부동산 사무실과 건물주와 대화를 나누길 바랍니다. 다만 센터를 운영하는 데 걸림돌이 될 만한 계약에는 절대 서명하지 말아야 합니다. 스스로 기금을 어느 정도 마련할 수 있는지, 임대료를 지불하기 위해 매달 얼마 정도의 비용이 필요한지에 대해서 현실적으로 파악해야 합니다.

## 10. 학교 내 공간 활용

앞서 언급한 것처럼, 반드시 아주 번화한 거리에 독립적인 공간을 가지고 있을 필요는 없습니다. 해당 지역에 있는 학교 안에서 〈작가들의 공간〉을 여는 것은 당신이 제공하려는 서비스를 시작하는 혹은 확장하는 좋은 방법입니다. 826 발렌시아가 열었던 첫 번째 작가들의 공간 역시 826 발렌시아 본부에서 열 블록 정도 떨어진 곳에 있는 에버렛 중학교 안에 위치해 있었습니다. 우리는 몇 년 동안 다양한 프로젝트를 함께한 덕분에 아주 공고한 협업 관계를 형성하고 있었습니다. 그리고 곧 〈에버렛 중학교가 826에게 공간을 주면 어떨까?〉하는 의견이 나왔죠. 그리되면 826의 교사들은 학교 안에서 에버렛 중학교의 전교생을 도울 수 있고, 학교는 글쓰기에만 전념할 수 있는 특별한 공간이 생기는 셈이니까요. 마침 에버렛 중학교에는 학교 도서관과 연결된 공간이 있었습니다. 당시에는 창고로 사용하고 있었는데, 그곳을 학교 측과 826 자원봉사자들이 깨끗이 비운 다음 꾸미기 시작했습니다. 페르시아 카펫을 깔고 소파와 폭신한 의자를 놓고 샹들리에를 달았습니다. 작업이 다 끝나 갈 무렵, 그 공간은 아주 편안하고 따뜻하고 환영받는 느낌을 자아내는 곳이 되었습니다. 그리고 약간 이상한 분위기도 풍겼죠.

826은 학교 선생님들과 함께, 그곳에 정기적으로 오는 선생님 자원봉사자들을 최대한 활용할 수 있는 프로그램을 구상했습니다. 어떤 선생님은 때때로 글쓰기 보강 수업을 위해 자신의 반에 속한 학생들 중 절반을 작가들의 공간으로 보냈습니다. 이로써 선생님들은 소규모의 아이들과 더 집중적인 수업을 할 기회를 얻게 되었습니다. 또 학교 신문을 만들고 싶었던 선생님의 바람도 이루어졌습니다(신문명은 『진짜 뉴스Straight-Up News』였죠). 이처럼 작가들의 공간과 자원봉사자들을 이용할 수 있는 방법은 아주 많습니다. 이를 통해 선생님들은 수많은 프로젝트와 수업 계획을 꿈꿀 수 있죠.

학교 안에 작가들의 공간이 있으면, 모든 재학생이 참여할 수 있습니다. 만일 당신이 해당 지역의 다른 장소에 독립적인 센터를 따로 운영하고 있다면, 당신은 단지 그곳에 오기로 선택한(혹은 부모들이 아이들을 그곳으로 보내기로 결정해야만 합니다) 학생들만 만날 수 있을 것입니다. 학교가 끝난 후에 당신의 글쓰기 센터로 오지 않으려고 하거나 올 수 없는 아이들은 언제나 존재하기 마련이며(그것도 아주 많은 학생이 그렇습니다), 그렇기 때문에 글쓰기 센터에 오기 위해 정말 결연한 노력이 필요한 학생들도 있습니다. 하지만 학교 안에 글쓰기 센터가 상주한다면, 이런 학생들을 포함한 모든 학생이 프로그램의 혜택을 받을 수 있죠. 무엇보다 작가들의 공간을 이용하게 되면, 별도의 임대료를 내지 않아도 됩니다. 그 결과 학교에서는 헌신적인 자원봉사자로 가득한 교실을 얻게 되고, 당신의 단체는 임대료를 내지 않아도 되는 공간을 얻을 수 있죠.

이때, 고려해야 할 내용이 몇 가지 있습니다. 먼저 보통 작가들의 공간을 유지하기 위해서는 한 명의 직원이 필요합니다. 그 직원은 자원봉사자들의 일정을 편성하거나 조정하고, 학교 선생님과 행정 직원들과의 커뮤니케이션 업무를 맡습니다. 다음으로 작가들의 공간은 학교의 일반적인 장소와는 아주 다르게 보이고 다르게 느껴져야 합니다. 그곳에 들어섰을 때, 완전히 주변이 환기되는 듯한 경험을 제공해야 하죠.

다시 말해 학생들에게 진지한 작가를 위해 특별히 마련한 공간에 들어선, 그렇게 진짜 작가가 된 듯한 느낌을 주어야 합니다.


## 11. 재정적 계획

비영리 단체, 특히 새로 설립되는 비영리 단체의 예산 계획을 세우는 과정은 아주 간단해야 합니다. 처음 시작할 때는 모든 세부 사항을 다 파악할 수가 없기 때문에, 개요를 정리하는 방법이 적당합니다. 당신의 계획을 1년 동안 영위하는 데 드는 비용을 스스로 한번 생각해 보세요. 이때는 기적을 바라거나 예산을 너무 적게 잡아서는 안 됩니다. 직원, 공간, 프로그램 등에 얼마를 지출해야 할지 합리적인 계획을 세우고 경비를 고려해야 합니다. 예를 들면 다음과 같습니다.

> 예상 경비
> 책임 관리자 인건비: 5만 달러(정직원, 연봉)
> 프로그램 담당자 인건비: 2만 달러(정직원, 프로젝트를 시작한 해의
> 　　　　　　　　　　　　중반부터 투입)
> 급여, 세금, 보험 관련 비용: 1만 달러
> 매달 임대료 및 전기·가스·수도 요금: 2만 4,000달러
> 도서 및 그 밖의 인쇄물 비용: 7,000달러
> 그래픽 디자인 및 검수 비용: 3,000달러
> 필수 물품, 우편 요금 등: 6,000달러
> 총액: 12만 달러

12만 달러를 꼭 지출해야 한다는 의미는 아니지만, 1년 동안 당신이 어떻게 센터를 운영해 나갈지에 대한 길잡이가 되어 줄 것입니다. 단체나 조직들이 재정적 계획을 세우고 4개월쯤 후에 자신들의 노선을 대폭 변경하는

일은 매우 흔하게 발생합니다. 그래도 괜찮습니다. 하지만 항상 재정적 계획을 세우고 시작하는 것이 좋습니다.

일단 무엇이 필요한지 알았다면, 목표를 향해 나아가기 위해 당신이 해야 할 일을 나열해 보길 바랍니다. 이제는 엄청난 후원금을 받을 것이라는 희망에 의지할 때가 아닙니다. 물론 운 좋은 일이 생길 수도 있지만, 그런 희망에 의지한 채 비영리 단체를 시작한다면 아주 큰 문제에 처할 수 있거든요. 만약 당신의 단체에 네 명으로 이루어진 위원회가 5,000달러씩 지원해 주기로 약속했다고 가정해 봅시다. 이때는 예산안에 2만 달러를 기대 보조금 명목으로 기입해도 좋습니다. 하지만 그들에게 다시 한번 확인해야 합니다. 한편으로 누군가가 두 배의 지원금을 줄 수도 있고 다른 한편으로 누군가가 지원금을 아예 주지 않을 수도 있죠. 그렇기 때문에 항상 조정 과정을 거쳐야 합니다.

때로는 위원회의 보조금 이외에 다른 계획이나 약속을 다 합해서 8만 달러까지 모을 수는 있지만, 그 이상의 비용을 모으지 못할 수도 있겠죠. 아무리 애를 써도 예산으로 책정한 12만 달러에 미치지 못한다면, 애초의 계획을 조율하며 비용을 삭감하거나 추후에 보조금을 차츰 조달하는 방식으로 예산안을 조정하는 것이 좋습니다. 자금을 지원하려는 사람들은 항상 예산에 신중하게 접근하고 상대적으로 적은 위험성을 보여 주는 제로 베이스 예산* 을 선호합니다. 예를 들면 다음과 같습니다.

수입
위원회 보조금: 2만 달러
약정된 ABC 재단 보조금: 5만 달러
약정된 XYZ 재단 보조금: 2만 달러
추후 결정 예정인 보조금: 1만 달러
크라우드 펀딩 캠페인: 2만 달러
총액: 12만 달러

---

\* 전 회계 연도와 상관없이 다시 제로 상태에서 예산을 검토하는 것.

위와 같이 개략적인 예산으로 시작한 다음 차츰 부족한 부분이나
예상하지 못한 부분이 생기면 그때마다 항목을 더 추가하면 됩니다. 실제
발생하는 비용이나 수입은 1년 내내 조정이 가능하지만 예산은 고정적이야
합니다. 점점 자리를 잡으면, 예산안은 훨씬 더 정교하고 구체적으로 바뀔
것입니다. 일단 처음에 필요한 내용은 과연 자금이 얼마나 필요할지, 그리고
어디에서 그 자금을 조달할지에 대한 전체적인 개요입니다.

## 12. 원하지 않는 기증품

거의 대부분의 센터가 수십 년이나 된 컴퓨터와 같은 원하지 않는 기증품이
생기는 상황에 놓이게 됩니다. 센터를 열거나 센터를 연다는 소문이 나면,
바로 다음 날 누군가가 1980년대 초에 출시된 코모도어* 8대를 두고 가는
식이죠. 물론 그 컴퓨터는 사용할 수 없습니다. 그럼에도 기증자들을 친절하게
대하는 일은 아주 중요합니다. 그들은 당신을 돕기 위한 행동을 했을
뿐이거든요. 기증자는 자신의 지하실에 오랫동안 컴퓨터를 묵혀 두고 있다가,
어느 날 당신의 글쓰기 센터에 대한 소식을 듣고 머릿속에서 전구가 반짝하고
켜졌을 것입니다. 그리고 코모도어 64 모델을 차에 싣고서는 당신의 센터에
전달한 다음, 아주 잘한 일이라며 뿌듯함을 느끼죠. 당신은 이런 상황을
최대한 친절하게 대응해야 합니다. 기증자에게 재활용 센터를 알려 주어도
좋습니다. 기증자는 당신을 도우려는 의도이기 때문에, 코모도어 64를 받을 수
없다고 하더라도(사실 그 제품이 출시된 당시에는 정말 괜찮은
기종이었습니다) 그 뜻에 대한 감사의 마음을 표현해야 합니다.
　　원하지 않는 기증품, 예를 들어 부적절한 도서, 오래된 서류 캐비닛,
적합하지 않은 가구 같은 물건을 받은 경우에도 마찬가지입니다. 만일 어떤
물건을 원하지 않는다면, 사람들이 애초에 당신의 센터에 그 물건을 가져오지
않도록 미리 안내하는 것이 가장 이상적입니다. 하지만 사전에 방지하지
못했다면, 따뜻한 마음을 가진 기증자가 진심으로 베푼 친절에 대해 창피함을

* 1982년 코모도어 인터내셔널에서 나온 8비트 컴퓨터.

느끼지 않도록 대처할 수 있는 방법을 잘 생각해야 합니다.

더 많은 내용이 알고 싶으면, 웹 사이트(www.youthwriting.org)를 방문해 주세요.

## 국제 청소년 총회

국제 청소년 총회는 전 세계 청소년의 아이디어와 에너지를 통합하고 증폭시킵니다. 2018년 8월 샌프란시스코에서 열린 기념비적인 창립총회에 100여 명의 출중한 청소년, 주요 활동가, 작가 들이 모였고, 그들은 청년 선언문을 만들어 전 세계 사람들이 읽을 수 있도록 『가디언The Guardian』에 실었습니다.

2019년 제2차 총회를 앞둔 시점에, 청소년의 장래와 주변의 환경, 그리고 세상을 생각하는 대표단의 에너지와 열정으로 청소년을 위한 단체가 결성되었습니다. 제2차

총회는 2019년 8월 푸에르토리코 산후안에서 5일간 열렸으며, 120명의 청소년 대표와 함께 교육 프로그램 개발, 공동 작업, 행동주의에 관한 활동을 진행했습니다. 국제 청소년 총회는 청소년에게 저널리즘, 행동주의, 미디어 분야에서 일하는 성인 지도자의 멘토링뿐 아니라, 동료 학습 및 공동 작업 공간 육성을 목표로 하는 독특하고 영향력 있는 교육 기회를 제공합니다. 더 많은 정보는 웹 사이트(internatio nalcongressofyouthvoices.com)에서 찾을 수 있습니다.

## 어린 편집자
## 프로젝트

청소년 독자들이 청소년을 위한 글을 쓰는 작가들에게 피드백을 줄 수 있는 기회를 제공하는 프로젝트입니다. 당신이 어린이를 위한 작가이거나, 이런 센터나 회사에서 일하는 편집자 혹은 출판가라면, 우리는 당신의 책을 국제 청소년 글쓰기 센터 연맹의 청소년 독자 위원회에 소개하고 함께 작업할 수 있도록 도울 수 있습니다.

예를 들어, 9~12세 독자를 위한 챕터북을 저술했거나 출판한 경우라면 우리는 해당 연령대의 학생 편집자 그룹을 모집합니다. 이를 통해 아이들은 책에 대한 감상을 이야기하죠. 당신은 당신의 책에서 해당 연령대의 아이들에게 적절한 수준의 대화를 구사하고 있는지 알고 싶을 수 있습니다. 3학년 아이들을 제대로 묘사하고 있는지, 혹은 당신이 재미있다고 생각하는 이야기가 실제로 아이들에게도 재미있는지 확인하고 싶을 수도 있습니다. 그 모든 것에 대한 답변을 학생 편집자들이 제공할 것입니다.

한편 아이들은 이 프로젝트를 통해 편집 과정의 일부가
된다는 만족감과 더불어 귀중한 경험을 얻을 수 있습니다.
학생 편집자로서 또 작가로서 한층 더 성장하게 되고 전문
편집자에게 인정받는다는 뿌듯함을 느끼죠. 자세한 참여
방법은 웹 사이트(youngeditorsproject.org)에서 찾을 수
있습니다.

# 학생 출판물

학생들의 작품을 출판하는 일(특히 고품질의 형태로 출판하는 일)은 국제 청소년 글쓰기 센터 연맹에 가입된 센터들의 가장 중요한 역할이자 임무입니다. 책, 잡지, 챕북은 모두 전문 출판물처럼 보이고 느껴지도록 세심한 주의를 기울여 디자인되고 인쇄되죠. 이것은 학생들의 글을 존중하는 가장 좋은 방법일 것입니다. 우리는 학생들의 작품이 존중을 받고 영속적인 가치를 가질 자격이 있다고 생각합니다. 책을 잘 만들면 널리 읽히고, 영구히 보존되고, 소중하게 간직되어 후대에까지 전해질 가능성이 더 높아요. 그렇기 때문에 전 세계에 있는 모든 글쓰기 센터에서 개별적인 방식으로 출판 프로젝트를 실행하고 있으며, 책의 품질과 미적인 부분을 위해 전심전력을 다하고 있는 것입니다.

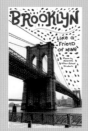

# 국제 청소년 글쓰기
# 센터 연맹 지도

국제 청소년 글쓰기 센터 연맹은 샌프란시스코에서부터
마르티니크까지, 청소년들의 목소리를 육성하고 증폭시키는
데 헌신하는 전 세계 70여 곳에 있는 비영리 단체의 자발적
연합체입니다. 우리와 함께할 더 많은 단체들이 아시아와
아프리카에서도 나타나기를 바랍니다. 남미나 그린란드 같은
곳도 함께하기를 기다리고 있겠습니다.

연락처: hello@internationalallianceofyouthwritingcenters.org

1. 100 스토리 빌딩 | 멜버른, 오스트레일리아
2. 826 보스턴: 그레이터 보스턴 빅풋 연구소 | 보스턴, 매사추세츠
3. 826CHI: 위커 파크 비밀 요원 용품점 | 시카고, 일리노이
4. 826DC: 티볼리의 신기한 마술 용품점 | 워싱턴, 디시
5. 826 뉴올리언스: 유령 용품점 | 뉴올리언스, 루이지애나
6. 826NYC: 브루클린 슈퍼히어로 상점 | 브루클린, 뉴욕
7. 826 발렌시아: 숲속 생물 상점 | 샌프란시스코, 캘리포니아
8. 826 발렌시아: 칼 왕의 상점 | 샌프란시스코, 캘리포니아
9. 826 발렌시아: 해적 상점 | 샌프란시스코, 캘리포니아
10. 826LA: 시간 여행 마트 | 로스앤젤레스, 캘리포니아
11. 826미시간: 로봇 공장 앤 로봇 수리 및 용품점 | 디트로이트 앤 앤하버, 미시간
12. 826 MSP | 미니애폴리스, 미네소타
13. 916 잉크 | 새크라멘토, 캘리포니아
14. 오스틴 박쥐 동굴 | 오스틴, 텍사스

15. 베라타미니스테리에트 | 스톡홀름, 스웨덴
16. 대담무쌍 아이디어 본부 | 시애틀, 워싱턴
17. 슈퍼히어로 훈련 센터 | 밀라노, 이탈리아
18. 510 지부 앤 환상 현실화 본부 | 오클랜드, 캘리포니아
19. 도시 문학 프로젝트 | 볼티모어, 메릴랜드
20. 딥 센터 | 사바나, 조지아
21. 무인도 용품점 | 버밍엄, 앨라배마
22. 파이팅 워즈 | 더블린, 아일랜드
23. 프론테 델 보르고 | 토리노, 이탈리아
24. 피츠버그 여학생 글쓰기 센터 | 피츠버그, 펜실베이니아
25. 그랜드래피즈의 창의적인 청소년 센터 | 그랜드래피즈, 미시간
26. 그린빌의 언어 마술사들 | 그린빌, 사우스캐롤라이나
27. 그림 상회 | 로더럼, 영국
28. 털사 도서관(은하계 우주 기지 및 상점) | 털사, 오클라호마

# 국제 청소년 글쓰기 센터
## 연맹 정보

 826 발렌시아 | 캘리포니아 샌프란시스코 | 826valencia.org

 826 발렌시아: 텐더로인 센터 | 캘리포니아 샌프란시스코 | 826valencia.org

 826 발렌시아: 미션 베이 센터 | 캘리포니아 샌프란시스코 | 826valencia.org

 826NYC | 뉴욕 브루클린 | 826nyc.org

 826LA: 에코 파크 | 캘리포니아 로스앤젤레스 | 826la.org

 826LA: 마 비스타 | 캘리포니아 로스앤젤레스 | 826la.org

 그림 상회 | 영국 로더럼 | grimmandco.co.uk

 베라타미니스테리에트 | 스웨덴 스톡홀름 | berattarministeriet.se

 이야기 본부 | 영국 런던 | ministryofstories.org

826 보스턴 | 매사추세츠 록스베리 | 826boston.org

 워드플레이 신시 | 오하이오 신시내티 | wordplaycincy.org

 이야기 공장 | 오스트레일리아 파라마타 | storyfactory.org.au

 826CHI | 일리노이 시카고 | 826chi.org

 워트 | 오스트리아 루스테나우 | w-ort.at

 작가의 공간 | 네바다 라스베이거스 | thewritersblock.org

 스쿠올라 홀덴의 프론테 델 보르고 | 이탈리아 토리노 | scuolaholden.it/en/fronte-del-borgo

 노르체이 | 네덜란드 암스테르담 | noordje.nl

 826DC | 워싱턴 디시 | 826dc.org

 826 MSP | 미네소타 미니애폴리스 | moi-msp.org

 오스틴 박쥐 동굴 | 텍사스 오스틴 | austinbatcave.org

파이팅 워즈 | 아일랜드 더블린 | fightingwords.ie

 916 잉크 | 캘리포니아 새크라멘토 | 916ink.org

 털사 도서관(은하계 우주 기지 및 상점) | 오클라호마 털사 | spaceportstore.tulsalibrary.org

 826미시간: 디트로이트(로봇 공장) | 미시간 디트로이트 | 826michigan.org

 826미시간: 앤아버 앤 입실란티(로봇 수리 및 용품점) | 미시간 앤아버 | 826michigan.org

 읽고 쓰는 공간 칼라마주 | 미시간 칼라마주 | readandwritekzoo.org

 어린 작가들의 온실 | 켄터키 루이빌 | youngauthorsgreenhouse.org

 510 지부 앤 환상 현실화 본부 | 캘리포니아 오클랜드 | chapter510.org

 826 뉴올리언스 | 루이지애나 뉴올리언스 | 826neworleans.org

 저스트 버펄로 문학 센터 | 뉴욕 버펄로 | justbuffalo.org

 라 그란데 파브리카 델 파롤 | 이탈리아 밀라노 | grandefabbricadelleparole.it

448

포르토 델 스토리 | 이탈리아 플로렌스 | portodellestorie.it

 리틀 그린 피그(팝업 교습 센터) | 영국 이스트 서식스 | littlegreenpig.org.uk

 이야기 행성 | 캐나다 토론토 | storyplanet.ca

# 사진 출처

이렇게까지 아름다운, 세계의 공간 — Jason Schulte: 2면; ©Celso Rojas 2019: 6면, 8면, 10면, 23면, 37면(아래 왼쪽), 40면(위); Lisa Beth Anderson: 11면, 16면; Karl Gabor: 12~13면, 24면(아래), 37면(왼쪽); 826LA staff: 15면; Vanessa Chu: 28면(위); Jack Shalom: 22면(위 왼쪽); Matthew Millman: 22면(위 오른쪽), 24면(위), 28면(아래), 32면, 39면(위 오른쪽), 41면, 43면(위 오른쪽, 아래); Gensler Architecture: 22면(아래); Marcel van Driel: 25면(위); Peter Bennetts: 25면(아래); Lorenzo Romoli: 27면(위); Story Factory staff: 27면(아래); Sevilay van Dorst: 29면(위); Simon Dack: 29면(아래 왼쪽); Catie Viox: 29면(아래 오른쪽) ; Laura Jude: 30면, 31면(아래 왼쪽), 33면(위 왼쪽, 위 오른쪽); Nicole Haley: 31면(아래 오른쪽), 33면(아래 왼쪽, 아래 오른쪽); ©Henrik Kam: 31면(위); Darryl Stoodley: 34면(위 왼쪽, 위 중간), 35면(아래 왼쪽, 아래 오른쪽), 36면(위 왼쪽); Office Jason Schulte Design: 35면(위 왼쪽, 위 오른쪽), 36면(아래 오른쪽), 37면(위 왼쪽); Joel Derksen: 34면(위 오른쪽, 아래 오른쪽); James Brown Photography: 35면(위 중간), 39면(아래), 40면(아래 왼쪽); 826DC staff: 34면(아래 왼쪽), 36면(위 오른쪽); King: 36면(아래 왼쪽); Alistair Hall: 38면(위, 아래), 42면(오른쪽); 826 Valencia staff: 39면(위 왼쪽), 42면(왼쪽); 826 LA staff: 43면(위 왼쪽).

826 발렌시아 — Lisa Beth Anderson: 44~45면, 51면, 52면(위 오른쪽); ©Henrik Kam: 48면, 49면 ; Vanessa Chu: 52면(아래), 53면(위); 826 Valencia staff: 46면, 47면, 50면, 52면(위 왼쪽), 53면(아래), 54~61면; Office Jason Schulte Design: 62~65면.

826 발렌시아: 텐더로인 센터 — Matthew Millman: 68면, 70면, 71면~79면; 826 Valencia staff: 69면; Office Jason Schulte Design: 80~81면.

826 발렌시아: 미션 베이 센터 — ©Celso Rojas 2019: 82~95면; Office Jason Schulte Design: 96~97면.

826NYC — Jack Shalom: 98~99면; Allistair Hall:100면; 826 NYC staff: 102~105면; Sam Potts: 106~107면.

826LA: 에코 파크 —826LA staff: 108~109면, 110면(왼쪽), 113면; Stefan G. Bucher: 110면(오른쪽), 112면; Jason Ware: 114~115면.

826LA: 마 비스타 —826LA staff: 118~125면.

그림 상회 —James Brown Photography: 126~127면, 130~131면, 134~135면, 136~145면; Helena Fletcher: 128면; Courtesy of Grimm & Co: 129면, 132면; Helena Dolby: 133면.

베라타미니스테리에트 —Karl Gabor: 148~150면, 152~155면, 158면, 160면; PäOlofsson: 156~157면; King: 161면.

이야기 본부 —Alistair Hall at We Made This: 162~164면, 166~167면, 169면, 170(오른쪽); Courtesy of Ministry of Stories: 165면; HeathaAgyepong: 166면; Tom Oldham: 17면(왼쪽), 171면; DarrylStoodley: 172~177면.

826 보스턴 —826 Boston staff: 178~179면; Daniel Johnson: 180~187면; Oliver Uberti: 188~189면.

워드플레이 신시 —Catie Viox: 190~200면, 203~204면; WordPlay Cincy staff: 201면.

이야기 공장 —Peter Bennetts: 206~207면, 208면(위), 211면; Story Factory staff: 209~210면; Brett Boardman: 212~213면, 215~218면; Anthony Browell: 214면; Jennifer Su: 219면.

826CHI —Gensler Design: 222~223면, 225~231면.

워트 —Andi Sillaber: 232~235면, 237면, 239면; W*ORT staff: 240면; Carmen Feuchtner: 236면, 238면, 241면.

작가의 공간 —Emily Wilson Photography: 242~244면, 246~251면.

스쿠올라 홀덴의 프론테 델 보르고 —Federico Botta: 252~253면; Lorenzo Romoli: 255~256면; Scuola Holden'Fronte del Borgo: 254면; Alessandro Camillo for FWstudio: 257면.

노르체이 —Marcel van Driel: 258~260면, 262~263면, 264면(위), 265면(아래), 266~267면; Noordje staff: 261면, 264면(아래), 265면(위, 중간).

826DC —826 DC staff: 268~277면.

Orme: 396면, 398~399면.

이야기 행성 ──Dylan Macleod: 404~405면; Tiana Feng: 405면; Story Planet staff: 407~408면; Sabina K.: 409면; Justin Carder: 410~411면.

# 감사의 글

이 책을 만드는 과정에서 필요한 자료를 모으는 데 도움을 준 모든 책임
관리자, 직원, 디자이너, 사진작가 들에게 감사드립니다. 그들의 도움 없이는
할 수 없었을 일입니다.

미셸 아레나Michele Arena | 조엘 아르킬로스Joel Arquillos | 저넷
바하우스Jeannette Bahouth | 사라 베넷Sara Bennett | 데보라
불리반트Deborah Bullivant | 엘라 번스Ella Burns | 재커리 클라크Zachary
Clark | 켄드라 커리-카나Kendra Curry-Khanna | 노아 팔크Noah Falck |
몰리 파닌Molly Fannin | 프란체스카 프레디아니Francesca Frediani | 이안
해들리Ian Hadley | 알리 하이더Ali Haider | 리즈 하인즈Liz Haines | 캐비
햄슨Gabi Hampson | 리바 헤네시Reba Hennessey | 에밀리 호간Emily
Hogan | 리비 헌터 | 다니엘 존슨Daniel Johnson | 킴벌리 존슨Kimberly
Johnson | 캐롤라인 캉가스 | 에미 카스트너 | 캐스 키난Cath Keenan | 더그
켈러Doug Keller | 조슈아 만델바움Joshua Mandelbaum | 비타 나자리안 |
한나 로즈 뉴하우저Hannah Rose Neuhauser | 사스키아 노드헤스 | 도미틸라
피로 | 리어나도 라술로Leonardo Rasulo | 사라 리치만Sarah Richman |
카일리 로버슨Kiley Roberson | 리어나도 사체티Leonardo Sacchetti | 사만다
센서-뮤라Samantha Sencer-Mura | 스콧 실리 | 카티 샹크스Kati Shanks |
패니 실트버그Fanny Siltberg | 롭 스미스Rob Smith | 딜사 데미르백
스텐Dilsa Demirbag Sten | 타비아 스튜어트 | 에이미 서머튼 | 마이클
스위셔Michael Swisher | 커스티 텔포드Kirsty Telford | 올리버 우버티 |
나이마 웨이드Naimah Wade

국제 청소년 글쓰기 센터 연맹은 청소년들의 목소리를 존중하고 증폭시키기 위한 곳입니다. 전 세계의 청소년 글쓰기 센터에 관한 정보는 웹 사이트(youthwriting.org)에서 확인할 수 있습니다. 수백 가지의 글쓰기 수업 및 글쓰기 연습에 관한 계획안을 보고 싶다면, 웹 사이트(826digital.com)에 방문하길 바랍니다.

826 내셔널은 학생들을 위해 창의적인 사고를 불러일으키면서도 재미있는 글쓰기 책을 다수 출간했습니다. 50가지의 글쓰기 수업 계획을 담고 있는『글쓰기를 잊지 마세요*Look for Don't Forget to Write*』와 과학, 기술, 공학, 수학을 주제로 한 작문 연습이 수록된『STEM*을 통한 이야기*STEM to Story*』를 826 내셔널에서 직접 구할 수 있습니다. 자세한 내용은 웹 사이트(826national.org)에 나와 있습니다.

* 과학(Science), 기술(Technology), 공학(Engineering), 수학(Mathematics)의 약자로, 이 네 과목의 융합 교육을 의미한다.

# 부록:
# 이렇게까지 아름다운, 국내의 공간

〈이런 공간이 우리나라에도 있으면 얼마나 좋을까?〉

　　　　책을 읽는 동안, 마음속으로 이 질문이 떠오르지 않았나요? 앞서 나온 공간들이 아름답다고 느껴졌다면, 단지 외양의 아름다움 때문만은 아니었을 것입니다. 어린이와 청소년들을 환대하는 안전한 공간, 평소와는 다른 시간을 보낼 수 있는 엉뚱하고 재미있는 공간, 적당한 거리를 지키며 모든 시도를 응원해 주는 다정한 어른이 있는 공간이면서, 동시에 아름답기까지 한 공간들이니까요.

　　　　저와 동료들은 여러 파트너들과 함께 그런 공간을 만들고 있습니다. 어린이와 청소년들이 집과 학교, 학원을 오가는 빽빽한 일상 속에서 짬을 내어 〈사이의 시간〉을 보낼 수 있는 공간, 목적이 뚜렷한 공간들 사이에서 잠시나마 딴짓할 수 있는 자유와 여유가 있는 공간, 지금의 나와 미래에 되고 싶은 나 사이의 간격을 줄여 주는 탐색과 시도의 공간, 어떤 가능성이든 열려 있다는 기대와 설렘을 즐길 수 있는 공간을 말이죠. 사회적·경제적 여건과 관계없이 아이들이라면 누구든 이런 공간에서의 경험을 누릴 수 있기를 바라며, 저와 동료들은 공공의 일상 공간인 도서관을 발판 삼아 아이들을 위한 공간을 하나씩 늘려 가고 있습니다.

　　　　〈공간도 공간이지만, 요즘 아이들은 정말 시간이 없어요. 특히 공부 외 경험에 쓰는 시간에는 인색할 수밖에 없어요. 수면 시간도 부족한걸요.〉 어린이와 청소년들을 위한 공간을 만들겠다고 했을 때, 가장 많이 걱정한 부분입니다. 제1의 공간인 집에서 휴식하기에도, 또 제2의 공간인 학교에서 공부하기에도 시간이 부족하다는데, 제3의 공간은 사치일까, 혹은 스스로 하고 싶은 것을 경험하는 데 쓸 시간이 있을까 하는 걱정을 안고 시작했습니다. 하지만 지난 4년간 공간을 만들고 운영하면서 알게 된 사실이 있습니다. 우리 어린이와 청소년들은 바쁘더라도 하고 싶은 일이 있다면, 그리고 그 일을 제대로 자유롭게 경험할 수 있는 공간이 있다면, 기꺼이 시간을 쪼개서 찾아와 준다는 것입니다. 그런 공간에서 시간을 보내기 위해 해야 할 일을 미리 해두는 것은 물론이고 집에 가는 길에 다음번 방문을 위해 일정을 조정하기도 합니다. 저와 동료들은 용기를 얻었고 더 잘하고 싶다는 마음이 생겼습니다.

그렇게 도서문화재단 씨앗은 2019년부터 지금까지 다양한 전문가, 지자체, 도서관 파트너와 함께 공간을 만들어 왔습니다. 이 공간들은 서울, 경기, 전주, 대구, 울산, 진주, 세종, 수원 등 지역 곳곳의 도서관에 자리 잡고 있습니다. 어린이와 청소년들이 바쁜 시간을 쪼개서 찾아와 준 덕분에 2022년 상반기 동안 약 5만 6,000시간의 흔적이 쌓였습니다.

그중 〈space T〉는 어린이에서 청소년으로 성장하는 12세부터 16세의 트윈 세대 청소년이 자유롭게 탐색하며 새로운 세계를 발견하고, 그것을 넓혀 갈 수 있는 공간입니다. 전주시립도서관 속 〈우주로 1216〉, 수원시 슬기샘어린이도서관 속 〈트윈웨이브〉, 세종시립도서관 속 〈스페이스 이도〉, 총 세 곳이 있습니다. 〈라이브러리 티티섬〉도 있습니다. 이곳은 도서문화재단 씨앗이 직접 운영하는 트윈(12~16세) 및 틴(17~19세) 중심의 공공 도서관으로, 자유로운 쉼과 다양한 경험이 가능한 일상 속 여행의 공간을 지향합니다. 거의 매일 라이브러리 티티섬에 발 도장을 찍는 이용자가 생기고 하루에 200여 명이 다녀갈 만큼 사랑받고 있습니다. 또 〈어린이작업실 모야〉는 어린이 도서관과 공공 도서관, 작은 도서관 한편에 자리 잡은 작업 공간입니다. 이곳에서는 7세부터 13세까지의 어린이가 집이나 일상에서 떠오르는 영감과 호기심을 손으로 표현해 볼 수 있으며, 전국 17개 도서관에서 이제까지 2만여 명의 어린이를 만나 왔습니다. 마지막으로 도서문화재단 씨앗이 콘텐츠 실험을 위한 랩으로 운영하고 있는 공간도 있습니다. 12세부터 19세까지의 청소년을 위한 열린 작업실 〈스토리스튜디오〉와

〈스토리라이브러리〉입니다. 이곳에서 자기 자신과 세상을 탐색하고, 좋아하는 것을 스스로 발견하고, 각자의 고유한 이야기를 글, 그림, 사진, 영상 등 원하는 방식으로 표현할 수 있습니다. 부산, 울산, 경주, 대구, 구례 등 전국 각지의 청소년이 서울 혜화에 있는 스토리스튜디오, 스토리라이브러리까지 찾아오는 이유는 무엇일까요?

이 책을 읽으면서 여러분이 아마 떠올렸을 마음, 〈우리나라에도 있으면 얼마나 좋을까〉하는 감탄에 대한 화답으로 〈사이의 변화〉를 응원하는 공간을 소개하려고 합니다. 이를 어린이와 청소년들의 시간과 공간이 한껏 아름다워지길 바라는 어른들, 틈을 주는 시간과 공간을 이해하고 응원하는 어른들과 함께 나누고 싶습니다. 책을 덮고 난 후에도 그 마음을 계속 이어가 주시길 바라며……

도서문화재단 씨앗 콘텐츠랩 실장
김정민

우주로 1216

개관: 2019년
면적: 615제곱미터
주소: 전주시 완산구 백제대로 306, 전주시립도서관 꽃심 3층
청소년 리서치, 공간 디자인, 시공, 콘텐츠 파트너: 디아이디어그룹, 전주시 청소년들(트윈 운영단), 이유에스플러스건축사사무소, 메이트아키텍츠, 진저티프로젝트
인스타그램: @_oozooro1216

전주시립도서관

트윈웨이브

개관: 2021년
면적: 466제곱미터
주소: 경기도 수원시 장안구 송정로 9, 슬기샘어린이도서관 3층 트윈웨이브
청소년 리서치, 공간 디자인, 시공, 콘텐츠 파트너: 코어마인드, 수원시 청소년들, 건축사사무소 53427, 비엠스튜디오, 서울연필
인스타그램: @tweenwave_

슬기샘어린이도서관

스페이스 이도

개관: 2021년
면적: 495제곱미터
주소: 세종특별자치시 세종로 1207, 세종시립도서관 3층
청소년 리서치, 공간 디자인, 시공, 콘텐츠 파트너: 코어마인드, 세종시 청소년들,
SOAP디자인스튜디오, 지음, 서울연필
인스타그램: @ido1216_

세종시립도서관

라이브러리 티티섬

개관: 2021년
면적: 1,794제곱미터
주소: 경기도 성남시 중원구 광명로 120, 대연빌딩 9~12층
경험 설계, 공간 디자인, 시공 파트너: 진저티프로젝트, 성남시 청소년들(티약),
PRDTV(프로덕티브), 문도호제, studio commongood, 구파트너
웹 사이트: ttsome.org

도서문화재단 씨앗

어린이작업실 **모야**

어린이작업실 모야

개관: 2021년
면적: 22제곱미터
주소: 경기도 성남시 중원구 광명로 120, 대연빌딩 9층
공간 디자인, 시공, 콘텐츠 파트너: 릴리쿰
인스타그램: @moya.at.tt

**도서문화재단 씨앗**

개관: 2020년
면적: 150제곱미터
주소: 서울시 종로구 대학로 116, 공공일호 3층(2023년부터 제3의 시간으로 이전)
공간 디자인, 시공, 콘텐츠 파트너: SOAP디자인스튜디오, 지음, 서울연필
인스타그램: @hello_storystudio

도서문화재단 씨앗

스토리라이브러리

개관: 2021년
면적: 53제곱미터
주소: 서울시 종로구 대학로 116, 공공일호 3층(2023년부터 제3의 시간으로 이전)
시공 파트너: 바하피엔디
인스타그램: @hello_storylibrary

도서문화재단 씨앗

제3의 시간
FOR MY STORIES

제3의 시간

개관: 2023년
면적: 750제곱미터
주소: 서울시 종로구 대학로 10길 8, 리브랩 3~5층
공간 디자인, 시공, 콘텐츠 파트너: PRDTV(프로덕티브), 문도호제, studio commongood,
블루하우스코리아, 구파트너, SOAP디자인스튜디오, 지음, 릴리쿰
웹 사이트: formystories.org

도서문화재단 씨앗

## 제3의 시간은 어떤 곳인가요?

해야 하는 일들의 더미 속에서 하고 싶은 일의 불씨를 찾는 시간, 내가 무엇을, 어떻게, 얼마나 할지 직접 기준을 만들고 스스로 결정하는 시간, 내가, 나의 이야기가, 나의 세계가 있는 그대로 존중받는 시간, 평소와 다른 조금 낯선 경험을 안전하게 시도해 보는 시간.

도서관이 이런 제3의 시간을 지켜 주는 공간이 되길 바라는 마음으로 2023년 1월, 서울 종로구 대학로에 〈제3의 시간〉을 엽니다. 제3의 시간은 8세부터 19세까지의 어린이와 청소년들이 누구나 자유롭게 탐색하며 자신의 이야기를 표현하는 도서관입니다. 도서관인 동시에 실험실이며, 도서관을 위한 실험이 이루어지는 곳입니다. 8세부터 13세까지의 어린이는 5층 어린이작업실 모야에서 일상의 영감을 손으로 표현하는 시간을 보낼 수 있습니다. 12세부터 19세까지의 청소년은 3층 스토리라이브러리에서 자신의 이야기가 책이 되는 시간을, 4층 스토리스튜디오에서 자신의 이야기로 무언가를 마음껏 만들어 보는 시간을 보낼 수 있습니다.

826 내셔널이 만든 공간들이 저와 동료들에게 영감을 주었듯이, 부록에
소개한 공간들이 새로운 제3의 공간을 만들고 응원하려는 이들에게 용기를 줄
수 있기를 바랍니다. 저희는 space T와 라이브러리 티티섬, 어린이작업실
모야, 그리고 제3의 시간에서 계속 시간을 쌓아 가겠습니다.

도 서 문 화 재 단 씨 앗    이 책은 도서문화재단 씨앗이 기획하고 총괄하였습니다.

**지은이 국제 청소년 글쓰기 센터 연맹The International Alliance of Youth Writing Centers**

2018년 여름 암스테르담에 전 세계 20여 곳의 청소년 글쓰기 센터가 소집되었다. 각 글쓰기 센터의 지도자들은 독립성을 유지하면서, 하나의 느슨한 깃발 아래에 단결할 필요가 있다는 데 동의했다. 이러한 배경으로 탄생한 국제 청소년 글쓰기 센터 연맹은 아이들이 글을 쓰고 이야기를 듣고 목소리를 낼 수 있는 장소와 아이들이 직접 자신들의 글을 출판하는 일을 통해 성장해 나가는 경험이 중요하다고 믿는다. 그리하여 어린이, 특히 이민자를 위한 안전한 공간을 만드는 프로젝트에 집중하고 있다. 아이들이 배움을 얻고 환영을 받을 수 있는 공간, 그들의 마음과 말이 폄하되지 않고 존중되는 공간이 지닌 힘을 널리 알리며, 이와 동일한 생각을 가진 청소년 글쓰기 센터와 사람들이 더 많아지길 꿈꾼다.

**옮긴이 김마림**

경희대학교 지리학과를 졸업하고, 동 대학교와 뉴욕주립대학교 대학원에서 석사 학위를 받았다. 약 7년간 케이블 채널 및 공중파에서 영상 번역가로 활동했으며, 대표적인 프로그램으로는 KBS의 「세계는 지금」, 「생로병사의 비밀」, 「KBS 스페셜」 등이 있다. 현재 영국에서 전문 번역가로 일하면서 『토레 다비드』, 『조각가』, 『바스키아』, 『서점 일기』 등을 번역하였다.

**감수 도서문화재단 씨앗**

2007년 설립된 비영리 민간 재단이다. 도서관이 어린이와 청소년들이 자신의 세계를 발견하고 확장하며 성장하는 기회를 제공하는 공공의 인프라가 될 수 있다고 믿으며 새로운 공간, 콘텐츠, 운영 방식을 제안하고 있다.

# 이렇게까지 아름다운,
# 아이들을 위한 세계의 공간

**기획·총괄** 도서문화재단 씨앗
**지은이** 국제 청소년 글쓰기 센터 연맹
**옮긴이** 김마림 **감수** 도서문화재단 씨앗 **발행인** 홍예빈·홍유진 **발행처** 미메시스
**주소** 경기도 파주시 문발로 253 파주출판도시
**대표전화** 031-955-4000 **팩스** 031-955-4004
**홈페이지** www.openbooks.co.kr **email** webmaster@openbooks.co.kr
Copyright (C) 미메시스, 2023, *Printed in Korea*.
**ISBN** 979-11-5535-280-9 03540
**발행일** 2023년 1월 15일 초판 1쇄 2023년 6월 15일 초판 3쇄

미메시스는 열린책들의 예술서 전문 브랜드입니다.